LES NAUFRAGES

AÉRIENS

PROPRIÉTÉ.

Théodore Lefèvre

1139-80. — Corbeil. Typ. et stér. Crété.

LES NAUFRAGES AÉRIENS

PAR

ALBERT LAPORTE

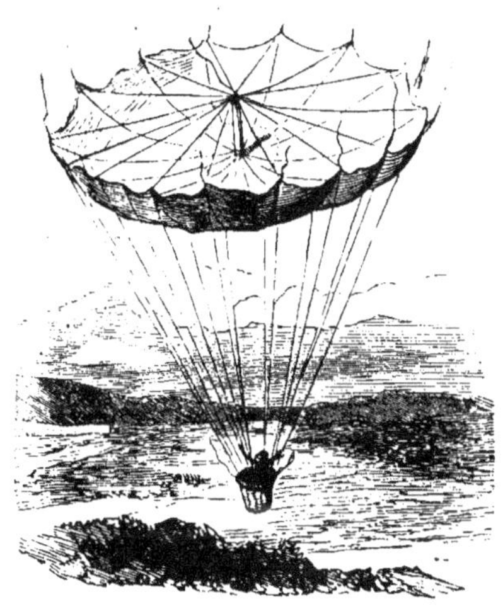

PARIS

THÉODORE LEFÈVRE, ÉDITEUR

RUE DES POITEVINS

AVANT-PROPOS

« Qu'est-ce que cela prouve? » disait un mathématicien, écoutant réciter une poésie de Lamartine. Que de fois la même question a été jetée à la face des aérostats, qui, vu le nombre prodigieux de victimes qu'ils ont faites, ont donné tant de promesses et si peu de résultats à la science et n'ont pu encore trouver depuis 1783, presqu'un siècle! — ce que le gouvernement leur demandait déjà à cette époque. — Les applications utiles aux besoins de la société.

Si la route est tracée, l'air n'est pas conquis. La navigation aérienne attend aussi son Christophe Colomb. Est-il né ou à naître? Dieu ne l'a-t-il pas réservé pour d'autres siècles? Verra-t-on encore des fous et des martyrs se ruiner ou se tuer à la recherche de cette énigme, dont un sphinx garde impitoyablement le mot?

Autant de questions, autant de doutes. L'océan dompté se venge sur les navires par la tempête. L'air indompté, indomptable peut-être, se venge sur les aérostats de la même manière. Naufrages et naufragés, seulement l'océan garde sa proie. L'air, avec un certain mépris, ne veut pas le garder et rejette à la terre, anéanti et brisé, l'insensé qui l'a bravé.

Il m'a été donné de voir un de ces naufragés obscurs de la grande locomotion aérienne. Je l'ai rencontré dans la nacelle du ballon captif, ses invalides, comme il appelait dédaigneusement le magnifique aérostat de M. Giffard.

Un rude bonhomme au demeurant, que ce vieux débris des luttes aérostatiques, presque sourd, à moitié aveugle, boiteux, manchot, et toujours prêt à monter là-haut à la recherche de l'inconnu. Ame d'acier, cœur de bronze, corps de fer forgé par le travail, trempé par le malheur, rendu invulnérable par des accidents terribles, où le plus fort aurait succombé, d'une volonté résistant à tous les insuccès, à toutes les défaites, désillusionné peut-être, mais non découragé, il espérait. Quoi? lui-même l'ignorait. Il comptait bien encore sur son Dieu : Nadar ; mais ce Dieu n'avait plus de temple !...

Comme les vieux soldats, il aimait à raconter ses campagnes, dont l'histoire est aussi longue que monotone. Chaque chapitre commence par une ascension, se poursuit dans la tempête, se termine par une chute.

— Eh bien! lui dis-je un jour, un peu lassé, voilà qui ne vous arrivera pas, en ballon captif, hein? Là, pas d'accident à craindre, n'est-ce pas?

— Pourquoi pas? me cria-t-il. — il croyait parler bas! — et qui vous a dit qu'il ne pouvait pas y avoir d'accident avec le ballon captif? Ce ne serait pas la première fois.

En 1867, le ballon captif eut son odyssée en Angleterre. Nous savons comment son frère cadet de 1878 termina tristement sa carrière en France!...

A Londres, pendant une ascension faite au mois de juillet 1869, le captif avait, grâce à l'imprudence d'un ouvrier chargé du montage, cassé son câble, brisé ses armures et bondi dans les airs. Une broche, une simple broche de trente sous a été omise. La tempête souffle avec violence et fait sortir de la poulie le câble, qui est scié par le rebord tranchant. On a le temps à peine de s'apercevoir qu'il n'est plus à son ancrage, que le captif a disparu.

Le tronçon de câble, que la nacelle emporte, sauve la situation. Il s'enroule autour d'une des poutres qui soutiennent l'amphithéâtre, la déracine et l'entraîne. C'est cette poutre qui rencontre un chêne, s'accroche aux branches et retient le captif, de nouveau prisonnier.

Quand le ballon Giffard eut disparu éventré par la tempête, je retrouvai mon vieil aéronaute au coin de son feu, dans sa mansarde de la rue Lacuée, où les rigueurs de l'hiver clouaient ses rhumatismes et ses douleurs.

C'est grâce à lui, grâce à nos bonnes et longues causeries, que j'ai pris goût aux expéditions aérostatiques. Il m'a aidé, conseillé, dicté. Il m'a prêté des ouvrages, oubliés, inconnus, disparus. Il m'a fait étudier, travailler, en m'amusant de ses récits, et aujourd'hui que j'en profite, je me croirais ingrat si je n'honorais pas de quelques lignes de regrets, la mémoire de ce digne homme, et si je ne mettais pas son souvenir au seuil du livre que je n'aurais pas écrit sans lui.

Et maintenant que j'ai payé ma dette, à l'œuvre ! Puisse mon vieil aéronaute me glisser à l'oreille ses meilleures inspirations ! et moi puis-je les traduire fidèlement pour l'instruction et l'amusement du lecteur !

LES

NAUFRAGES AÉRIENS

CHAPITRE PREMIER

Pilâtre de Rozier

La première victime des aérostats devait être fatalement celui qui le premier eut l'idée des ascensions aériennes. Mort, il en eut la gloire. Vivant, il n'en eut même pas le profit.

Ce martyr, ce héros, fut Pilâtre de Rozier.

Il était né à Metz en 1756, et avait à peine vingt-sept ans quand les Montgolfier apportèrent leur découverte au monde enfiévré d'aventures et d'expériences dont le progrès des sciences physiques portait à son comble le développement.

Pilâtre fut à son début, étudiant en chirurgie et élève pharmacien. Ces deux professions, car à cette époque la chirurgie n'était pas encore un art, lui répugnaient instinctivement. Comme tout génie dévoyé, il cherchait son chemin et ne le trouvait pas.

Le hasard le lui fit trouver : un chemin de traverse,
c'est vrai, plus long que la ligne droite, mais qui pour
tous les êtres prédestinés conduit au but, en dépit
de la misère et de la calomnie.

Dans le laboratoire du pharmacien chez lequel il
travaillait, il étudia seul, sans d'autres secours que
les livres qu'il achetait de ses économies, ces sciences
physiques qui, depuis Galilée, bouleversaient la face
du vieux monde.

Mais le pharmacien ne fut pas très satisfait de
voir son élève le frustrer du temps qu'il lui payait.
Pilâtre savant faisait des progrès, mais Pilâtre, élève
apothicaire, n'en faisait pas du tout, cassait les
fioles, laissait brûler les mixtures et s'occupait fort
peu du plus ou moins de poisons qu'il faisait entrer
dans les potions bénignes, calmantes ou fortifiantes,
ordonnancées par la Faculté.

Cent ans plus tôt, il eût été le collaborateur de
Molière. Cent ans plus tard, il fut celui de Montgolfier.

Le pharmacien auquel on avait vivement recom-
mandé Pilâtre, ne voulait pas renvoyer son élève ;
il se contenta de quelques observations qui furent
très mal reçues, et un beau matin le jeune homme
quitta la pharmacie pour rentrer à la maison pater-
nelle, où il espérait achever ses études scientifiques,
sans avoir l'ennui d'être censuré par un apothicaire.

Le père de Pilâtre fit à son fils le même accueil
que celui-ci avait fait aux observations du pharmacien. Il lui signifia qu'il ne voulait pas encourager
la paresse et que si son fils ne travaillait pas, il ne
mangerait pas.

Puis il l'enferma dans sa chambre avec une cru-
che d'eau et du pain sec, pour lui donner le temps
de réfléchir à une détermination sur laquelle le diable lui-même, « ce grand prêtre des sciences physiques » ne l'aurait pas fait revenir.

Pilâtre ne réfléchit même pas une minute. Ainsi
que l'oiseau fait prisonnier dans une cage, il attendit
que cette cage fût ouverte et un beau jour de fête,
que la surveillance était un peu relâchée, l'oiseau
s'enfuit de la cage.

Où allait Pilâtre, seul, sans argent, sans profession ? Où va tout homme de province, riche d'illusions, savant, poète, peintre ou musicien, à Paris,
cette lumière qui brûle toutes les ailes des papillons
assez téméraires pour s'en approcher de trop près.

La science, la poésie, les beaux-arts ont dans le
désert de la vie, des mirages chatoyants, où le voyageur fatigué croit toujours pouvoir se reposer. Ces
mirages s'enfuient comme les beaux rêves et au
réveil le malheureux tombe épuisé sur le sable
brûlant de la réalité, où la misère le terrasse et le
tue.

Hélas ! quand il se réveilla, honteux de sa fuite, désabusé, découragé, encore plein d'illusions, mais à bout de ressources et de forces, Pilâtre se retrouva dans le laboratoire d'un pharmacien.

La faim, comme la mort, a des rigueurs à nulles autres pareilles. Pilâtre avait faim et il se trouvait trop jeune pour mourir. La seule profession qu'il connût était celle d'élève apothicaire. Il endossa le tablier et prit les armes de sa profession, d'autant plus furieux contre elle que ses répugnances étaient loin d'être vaincues.

Comme il était très habile, on l'employa comme manipulateur. Un médecin le prit en affection et ne tarda pas à le faire sortir de cette position inférieure.

D'apothicaire dans une pharmacie, il passa carabin dans un hôpital. Il commençait à être un maître, il finissait par être un élève. Mais Pilâtre n'avait que l'ambition d'étudier pour apprendre, et comme il ne savait rien encore, même ce qu'il voulait être, il changeait de situation avec le secret désir d'en changer encore si celle-ci ne lui convenait pas.

Cette fois, il avait trouvé, ou du moins il le croyait. Non pas que sa position fût faite mais parce qu'il pouvait étudier sans qu'on imputât à mal des études qui n'étaient d'aucun profit pour ceux qui lui payaient son travail.

En deux ans, grâce à son protecteur. grâce aux leçons du premier professeur de la capitale, Pilâtre se trouva lui-même en état de faire des cours.

Professeur et médecin. Était-ce là que ses rêves devaient le conduire ?

Plus désabusé, plus découragé qu'au départ de Metz, regrettant même sa prison et son pain sec, car le prisonnier pouvait du moins avoir la liberté de son rêve, Pilâtre de Rozier, dont la réputation grandissait chaque jour et dont le savoir faisait école, s'enivra des leçons qu'il donnait et dans cette ivresse de l'orgueil oublia peu à peu le but inconnu qu'il cherchait à atteindre.

Cependant l'électricité était son domaine; il démontra en public les faits découverts par Franklin, et acquit bientôt un certain relief dans le monde scientifique.

C'est à cette époque, que le comte de Provence, ayant assisté à ses cours, le nomma intendant de son cabinet d'histoire naturelle.

Pilâtre accepta, par une excellente raison, c'est que cette place lui donnait ses entrées à la cour, et que. sans pourtant savoir ce qu'il en ferait, il supposait qu'il pourrait en avoir besoin. Il se monta alors, sur ses économies, un beau laboratoire de physique, dans lequel les savants trouvèrent tous les appareils nécessaires à leurs travaux.

Riche, libre, bien vu à la cour, physicien, médecin, et, malgré tout homme du monde, Pilâtre put donner tout son temps à son goût pour les expériences et bien qu'il n'eût que vingt ans, reprit ses études premières de physique, donnant carrière « à cette passion singulière qui le caractérisait, de faire sur lui-même les essais les plus dangereux. »

Rien ne pouvait arrêter ses études, rien ne pouvait l'effrayer dans ses expériences. Que de fois il faillit perdre la vie en respirant des gaz délétères, ou se faire foudroyer par le fluide électrique qu'il soutirait des nuages orageux !

Un jour, racontent avec unanimité tous ses biographes, car il faut vraiment qu'on nous l'assure pour y croire, il remplit sa bouche de gaz hydrogène et y mit le feu.

C'est au milieu de cette furie scientifique, que vint le surprendre la découverte de Montgolfier.

D'abord, il ne voulut pas y croire. Tous les génies ont de ces faiblesses ; ils doutent de toute invention nouvelle et quand ils s'en emparent, c'est pour lui donner un nouvel essor que n'aurait jamais osé lui donner son inventeur. Les chemins de fer en sont la preuve. Un jet de vapeur s'échappant de la marmite de Papin amène les savants à construire ces locomotives et ces machines, qu'exorciserait le moyen âge et qui font la richesse de nos temps modernes.

Pilâtre se mit ou plutôt se remit à étudier et à
fouiller dans de vieux livres, qu'il avait jadis dédaignés et où petit à petit il reconstruisit l'historique de
ces ballons, qu'un autre venait de découvrir et que
lui, Pilâtre, n'avait pas su trouver.

Ces livres sont en effet curieux et, sans vouloir
déflorer la glorieuse invention des frères Montgolfier, on peut dire que c'est là qu'ils ont trouvé le
germe de leur idée.

Rien de nouveau sous le soleil. Il s'agit de le
trouver. De temps en temps Dieu désigne ses élus et
ceux-là, presque toujours des martyrs, dotent l'humanité du secret divin.

Le premier livre que parcourut Pilâtre fut celui
d'un académicien distingué de Lisbonne, Freire de
Carvalho qui avait, dit-il, recueilli un exemplaire
imprimé d'une pétition adressée au roi de Portugal
en 1709 par un certain Gusmão, inventeur d'une
machine, *« au moyen de laquelle on pouvait se transporter dans les airs d'un lieu à l'autre »*.

Les globes employés par Gusmão étaient mus par
les forces du gaz qu'ils contenaient. L'inventeur fit
son expérience le 17 avril 1709 en présence de la
cour et d'une nombreuse assistance. Le globe s'é-
leva doucement et redescendit de même. Il était emporté par de certains matériaux qui brûlaient et
auxquels l'inventeur avait mis lui-même le feu.

Cette expérience ne fut jamais renouvelée. On accusa l'inventeur de magie, et les rigueurs du saint office aidant, Gusmão disparut pour aller mourir à l'hôpital.

— Comment n'ai-je pas lu ça plus tôt? s'écria Pilâtre furieux contre lui-même, et peut-être éclairé par la lueur subite de sa destinée future.

Après Gusmão, vient le physicien anglais Tibère Cavallo qui gonflait des bulles de savon avec du gaz hydrogène, mais qui ne put jamais parvenir à trouver un tissu assez imperméable pour conserver le gaz et assez léger pour l'élever dans les airs.

— Et voilà ce qu'ont trouvé les Montgolfier, dit Pilâtre avec admiration et cette secrète satisfaction du Français, fier de savoir qu'un Français a trouvé ce que des étrangers ont cherché sans succès.

En effet, tout le secret des Montgolfier était là. C'est à eux qu'il appartenait de lancer pour la première fois, à l'air libre, la sphère aérostatique. En Angleterre, la question de la navigation aérienne en était restée, et en resta, aux bulles de savon.

Dès ce moment, Pilâtre abandonna tout pour se livrer au perfectionnement de la découverte des aérostats.

Les chroniques et les légendes ne sont pas d'accord sur la manière dont Montgolfier conçut sa première idée de lancer dans l'air un globe rempli d'un gaz plus léger que l'air.

Montgolfier avait-il lu les livres dont nous avons parlé et bien d'autres, que la vogue des sciences faisait naître chaque jour et qui ne sont pas parvenus jusqu'à nous ? Est-il vrai qu'étant dans une auberge à Avignon, il vit s'envoler une chemise qu'on avait placée sur une chaise devant le feu afin de la chauffer et qu'il conçut au même instant l'idée d'en faire autant avec un cornet de papier ? Est-il vrai encore, que s'imaginant que les nuages étaient creux comme d'immenses vessies remplies d'air, il ait eu l'idée de construire des nuages artificiels destinés à suivre les vrais nuages dans l'Océan aérien ?

Nous ne choisirons pas entre la légende et la chronique, mais il est probable pour nous que le plus jeune des frères Montgolfier, très au courant des choses de la science, grand amoureux des nouveautés, avait lu les divers ouvrages qui traitaient de cette matière, puisqu'en apprenant que la ville de Gibraltar était assiégée sans succès par les forces navales de la France, il s'écriait, comme Gusmão devant le roi de Portugal :

« Je possède un moyen d'introduire nos soldats dans cette forteresse inexpugnable. Ils s'y rendront par la voie des airs ! »

D'un autre côté, le fougueux jeune homme avait

avec son invention le désir ambitieux mais noble de venir en aide à la France, dans la grande guerre de l'indépendance américaine.

Et, pour prouver combien son idée est simple et lumineuse, Montgolfier fait envoler des cornets de papier au plancher de sa chambre.

Des bulles de savon en Angleterre, un cornet de papier en France et voilà les débuts de la conquête de l'air !....

Ce fut à Annonay, sa patrie, que Montgolfier, aidé de son frère aîné qu'il voulut associer à la gloire de sa découverte, fit ses premières expériences et lança en plein air, à la face du ciel, sa première « montgolfière ».

Un globe de papier gonflé avec la fumée d'un mélange de paille et de laine s'échappa de ses mains comme un cheval fougueux qui sort de l'écurie, s'éleva à 150 toises dans l'air et retomba sur les coteaux voisins.

La deuxième machine, large de 35 pieds de diamètre, prit encore son vol et flotta pendant dix minutes dans l'air.

La troisième enfin s'élève devant les États généraux de la province, que Montgolfier a convoqués pour assister à cette fête de la science, le 4 juin 1783. Le succès éclatant de cette troisième tentative parvient jusqu'à Paris. et l'Académie des sciences, sur le rapport d'une commission, parmi les membres de laquelle étaient Condorcet et Lavoisier, mande Montgolfier dans la capitale, où la nouvelle de cette découverte causait déjà une impression des plus vives.

Hélas ! quand les Montgolfier débarquèrent à Paris, il était trop tard pour donner la primeur de la découverte qu'ils apportaient avec eux. Un professeur de physique, nommé Charles, et un bailleur de fonds, individualité remuante, mouche de coche, nommé Faujas, avaient dépouillé les inventeurs.

Pilâtre de Rozier suivait avec avidité cette lutte et en consignait toutes les péripéties. Simple spectateur, il guettait le moment de se rendre utile aux vrais inventeurs, car il avait autant d'estime que d'admiration pour les Montgolfier. Mais il cherchait le moyen d'apparaître lui aussi avec une idée nouvelle et restait dans l'ombre en attendant de surgir en pleine lumière.

Pendant ce temps, Charles, grâce aux fonds de Faujas, avait fait construire un immense ballon qu'il gonfla avec du gaz hydrogène et fit ainsi tout gonflé transporter au Champ-de-Mars. L'opération réussit. Les Parisiens virent pour la première fois monter dans les airs une montgolfière, — dérision du sort ; on n'avait pu ni osé débaptiser l'invention — et Montgolfier lui-même, à qui Charles et Faujas avaient refusé l'entrée de l'enceinte réservée, le cœur serré, les larmes aux yeux, assista à cet imposant spectacle, auquel applaudissaient cent mille mains !....

Mais Pilâtre aussi assistait à ce spectacle et il avait enfin trouvé ce qu'il cherchait ! Dès ce moment Montgolfier a un auxiliaire, Charles un rival, et Faujas un ennemi.

Montgolfier a fait une ascension à Versailles, devant la cour, mais le peuple a été mieux servi que le roi. Le ballon n'a pas tenu les promesses de l'inventeur qui songe déjà à se retirer de la lutte, quand Pilâtre le rencontre et s'associe avec lui.

L'idée qu'avait trouvée Pilâtre était un projet colossal, gigantesque, celui de s'attacher au-dessous d'une montgolfière.

— Vous n'avez pas, dit-il à l'inventeur de l'aérostat, le diable au corps nécessaire pour braver le grand inconnu céleste. A quoi servirait votre invention, sinon à forcer l'homme à connaître les mystères de l'Océan aérien ? Laissez-moi faire. Je profite de votre invention, profitez de mon idée.

Montgolfier, homme d'étude, de cabinet, de comptoir, laissa donc faire ce grand expérimentateur dont la hardiesse épouvantait, non seulement les plus courageux, mais encore les savants, qui ignoraient si l'on pouvait sans danger respirer l'air tel qu'il se trouve à une certaine distance de la terre.

Les craintes du public, les inquiétudes des savants,

firent avorter la première tentative de Pilâtre, qui à son grand regret et à sa grande impatience, dut attendre qu'on fît une expérience avec des animaux.

La précaution était fort sage. On attacha à la queue d'une montgolfière, lancée devant le roi et la reine, à Versailles, une cage dans laquelle se trouvaient un coq, une chèvre et un mouton.

Les trois voyageurs revinrent sains et saufs, sans se douter, les pauvres animaux, qu'ils avaient exécuté une expérience que les plus braves n'envisageaient pas sans peur et que Pilâtre seul pouvait tenter.

Aussi ce dernier se hâta-t-il de procéder aux préparatifs de la grande expérience qui devait décider du sort de la navigation aérienne. Montgolfier lui-même se chargea des travaux.

La première ascension fut captive. Le ballon haut de soixante-dix pieds et large de quarante-six, d'une capacité d'environ deux mille mètres cubes, avait une galerie circulaire de trois mètres de largeur, le long de laquelle régnait une balustrade de trois pieds et demi, destinée à empêcher le voyageur d'avoir le vertige.

Ce ballon s'éleva à quatre-vingts pieds de hauteur, devant une foule immense dont l'émotion était à son comble.

Voici comment M. de Fonvielle raconte cette ascension :

« Retenue par la corde qui empêche le globe de

disparaître dans l'espace, la nacelle se penche d'une façon inquiétante. On suppose que c'est le poids de Pilâtre qui produit cet effet. On essaye immédiatement de rétablir l'équilibre avec une masse placée à l'autre extrémité de la galerie. Ainsi lestée, la machine reste en l'air pendant six minutes. Le gaz de Montgolfier met six minutes à s'écouler.

« On avait disposé au milieu de l'ouverture inférieure un réchaud en fil de fer suspendu par des chaînes. C'est là que l'on place la paille et la laine humectées d'esprit-de-vin et que Pilâtre allume aux yeux des spectateurs épouvantés. Prométhée avait apporté, dit-on, le feu du ciel; mais Pilâtre faisait mieux encore, il l'y rapportait !

« Cette expérience hardie, téméraire, était nécessaire pour que l'on pût se soutenir en l'air pendant un temps suffisamment prolongé et exécuter un voyage. Elle donna des résultats merveilleux. La machine descend si doucement qu'il est clair que l'attérissage pourra être parfaitement réglé. Habitué aux expériences terrifiantes, Pilâtre ne tarde point à acquérir une étonnante dextérité dans la manœuvre de son feu aérien. Tantôt il interrompt sa chute, tantôt au contraire il se laisse rapidement porter vers la terre. Il n'a qu'à jeter quelques poignées de paille dans le foyer pour remonter de nouveau. »

Ce qui ressort le plus clairement de cette expérience

victorieuse c'est que Pilâtre n'avait pas voulu employer le gaz hydrogène dont il connaissait mieux que Charles toutes les propriétés. Il eut la pudeur de laisser intacte l'invention de Montgolfier, ne voulant ni la déflorer, ni l'amoindrir.

Enfin Pilâtre exige que la corde qui retient le ballon captif soit coupée. Pour lui, l'heure est arrivée de s'envoler dans les airs. Un obstacle imprévu faillit l'arrêter encore.

Le roi Louis XVI, aussi timide en science qu'en politique, bien que porté à favoriser toutes les idées nouvelles craignit d'exposer inutilement la vie d'un homme, dans une expérience désespérée. On ne lui en voudrait certainement pas, si croyant trouver une transition entre les animaux et l'homme, il n'eût imaginé d'autoriser l'ascension que si elle était exécutée par des condamnés à mort, auxquels on promettrait la vie sauve en cas de succès.

Pilâtre fut indigné et refusa. La reine Marie-Antoinette plaida sa cause auprès du monarque et la gagna, grâce surtout à l'influence du marquis d'Arlandes qui résolut de partager avec Pilâtre le danger et la gloire de l'ascension.

Cette expérience fut décisive. Le 21 novembre 1783. à une heure de l'après-midi, au château de la Muette, Pilâtre et le marquis d'Arlandes exécutèrent leur premier voyage aérien.

Il faisait beaucoup de vent, le ciel était orageux ; mais le ballon ne s'en éleva pas moins avec rapidité et la foule partagée entre l'émotion et la crainte salua de ses hurrahs les deux hardis Argonautes.

Le globe aérien continua à s'élever pour longer l'île des Cygnes et traverser la Seine à la barrière de la Conférence. Les murs de Paris regorgeaient de spectateurs et les tours de Notre-Dame étaient couvertes d'observateurs et de curieux. Le ballon descendit lentement sur la Butte-aux-Cailles et en touchant la terre s'affaissa presque sur lui-même. Le marquis d'Arlandes sauta hors de la galerie, mais Pilâtre s'embarrassa dans les toiles et demeura quelque temps comme enseveli sous les plis de la machine.

C'était peut-être un présage, un avertissement de la fin sinistre qui devait l'atteindre plus tard.

Le marquis monta aussitôt à cheval et vint rejoindre au château de la Muette ses amis qui l'accueillirent avec des pleurs de joie et de bonheur. Quant à Pilâtre, la foule qui était accourue l'entoura avec des cris d'enthousiasme et saisissant son habit qu'il avait placé dans la nacelle pendant le voyage, elle s'en partagea les morceaux.

Dans cette foule, se trouvait Benjamin Franklin que le Nouveau Monde avait envoyé pour assister à ces expériences.

Le premier voyage aérien.

— A quoi peuvent servir les ballons? s'écria devant lui un indifférent.

— A quoi sert l'enfant qui vient de naître ? riposta le philosophe américain.

Mais pendant ce temps, la science proprement dite de l'aérostation faisait d'immenses progrès et des savants dont Charles était le précurseur et Robert et Blanchard, les apôtres, n'avaient pas eu de peine à prouver que les montgolfières ne pouvaient rendre que de médiocres services à l'étude de la physique et de la météorologie. Le règne des ballons à gaz hydrogène, qui seuls pouvaient offrir la sécurité et la commodité indispensables à l'exécution des voyages aériens fut inauguré par Charles et Robert. Montgolfier fut vite oublié et dut aller en province et en Italie porter ses montgolfières démodées.

Pilâtre seul s'obstinait à lui rester fidèle, mais la réputation d'un hardi aéronaute vint porter un sensible coup à cette fidélité qui valait à notre héros l'indifférence des uns et la calomnie des autres. Cet aéronaute était Blanchard, homme très ordinaire, d'une éducation incomplète, qui venait d'élaborer le projet de diriger les ballons et avec une audace superbe annonçait qu'il éclipserait les montgolfières et les ballons à gaz avec son vaisseau volant.

Quoi qu'il en soit, et en dépit de quelques ascensions manquées, malgré son ton de charlatan et son orgueil insoutenable, Blanchard avait réussi à traverser la Manche dans un ballon à rames.

Pilâtre ne pouvait rester simple spectateur d'un événement qui avait surtout en Angleterre un retentissement immense. Il se proposa immédiatement de résoudre le même problème.

Montgolfier n'était plus là pour l'aider de son expérience et de ses conseils. Le jeune téméraire, désireux de ressaisir la gloire qu'il sentait lui échapper, jaloux des succès de Charles, Robert et Blanchard, furieux de voir que ce dernier avait fait une ascension en Angleterre, notre mortelle ennemie à cette époque, combina un nouveau système d'aérostat qui lui permît de se lancer dans les airs pendant un temps considérable.

Il réunit en un moyen unique les deux moyens dont on avait fait usage jusque-là. Au-dessous d'un aérostat à gaz hydrogène il suspendit une montgolfière, un fourneau devait lui permettre de chauffer son gaz à l'aide d'une sorte de cheminée qui traversait l'aérostat.

Témérité inacceptable de la part d'un savant comme Pilâtre; c'était allumer son feu à côté d'un magasin à poudre, c'était oublier jusqu'au nom du gaz hydrogène connu encore à cette époque sous le nom d'air inflammable.

Mais les moqueries de Charles excitèrent au con-

traire Pilâtre à s'entêter dans son entreprise téméraire.
Le gouvernement avait mis quarante mille francs à sa
disposition ; il les avait employés à la construction
de son aérostat. De plus, l'Angleterre avait les yeux
fixés sur lui, et Boulogne, où il devait faire son ascension, commençait déjà à rire de ses retards et de ses
hésitations.

Pilâtre n'écoute que son intrépidité, ne prend conseil que de son incroyable exaltation scientifique et
se met à l'œuvre.

Il a avec lui un jeune ouvrier nommé Romain, qui
l'a aidé dans ses constructions et qui doit l'accompagner. Ils seront les deux seuls héros ou martyrs de
cette tentative.

Trois fois Pilâtre revient à Boulogne et trois fois
commence un gonflement que le mauvais temps le
force à interrompre.

Charles propage dans Boulogne cette calomnie
que Pilâtre a peur et ne veut pas avoir l'air d'abandonner son projet. Pilâtre indigné ne répond qu'en
fixant coûte que coûte, n'importe le temps qu'il fera,
le jour définitif de son ascension.

Le jour enfin arrive. La fatalité veut que le temps
soit beau et le vent apaisé. Pilâtre passe la nuit à
gonfler son ballon pour partir à la pointe du jour.
Il est gai, vif, et ne songe guère aux dangers qu'il va
courir. Il ne pense qu'à la gloire et à sa fiancée, car

l'infortuné aime une jeune fille de Boulogne qu'il doit épouser à son retour. Il se frotte les mains de joie et on l'entend murmurer en chantonnant :

— Ah ! Je suis un aventurier ! Ah ! M. de Calonne, parce qu'il est contrôleur des finances, croit que je veux lui voler son argent. Eh bien ! on verra. Courage, Romain, au travail, mon garçon !

Mais la nuit se passe, le jour arrive, le vent change et souffle avec force, et le ballon ne se gonfle toujours pas.

Pilâtre qui n'a pas dormi depuis trois jours, qui mange à peine et ne peut boire une goutte d'eau tant sa gorge est serrée, se multiplie autour de son aérostat, le raccommode, rajuste sa soupape, lance des ballons de baudruche pour connaître la direction du vent, veille enfin à ce que tout soit prêt dans la galerie, cordages, combustibles et provisions. Le jeune Romain s'est endormi, il faut bien que le maître travaille.

Enfin le surlendemain, à sept heures du matin, tout est prêt. Pilâtre jette un dernier coup d'œil sur son aérostat gonflé et pâlit. La soupape est dure à manier, le taffetas de l'aérostat est légèrement crevé en certains endroits, et la montgolfière semble refuser d'obéir au globe de gaz qui va l'enlever. Le gonflement n'est pas complet et cependant si on le continue, l'aérostat va éclater.

Pilâtre se remet promptement de cette émotion passagère. Il a entendu le grondement de la multitude qui se fatigue de tant d'hésitation ; il surprend des sourires ironiques sur la figure de ceux qui l'entourent. Un imperceptible mouvement d'épaules répond à ces murmures et à ces sourires ; et l'infortuné, après avoir fait signe à Romain de monter dans la galerie, s'apprête à couper lui-même les derniers cordages.

Un homme s'élance, c'est un gentilhomme du nom de Maisonfort : il demande à accompagner Pilâtre. Celui-ci refuse :

— L'expérience est trop peu sûre, dit-il, pour risquer la vie d'un autre.

Et le héros, après avoir lancé un regard à la maison d'où sa fiancée en pleurs le contemple une dernière fois, après avoir cherché en vain une main amie qui presse la sienne, enjambe la balustrade et coupe la corde.

Il sourit, le martyr qui sent qu'il va à la mort, et Romain aussi triste que lui, s'approche en pleurant.

— Courage, petit, on n'en meurt pas, va ! lui dit-il.

— Oh ! ce n'est pas pour ça que je pleure, crie l'enfant dont on entend du bas les paroles, c'est par ce que j'ai vu rire nos ennemis !

— En avant et que Dieu nous protège !...

Que se passa-t-il là haut ? Ce Dieu qu'invoquait Pilâtre, pourrait seul le dire.

Le ballon s'éleva d'abord majestueusement et gagna la pleine mer, mais un vent violent du sud-ouest le rejeta sur les côtes de France. Alors on vit tout à coup l'enveloppe de l'aérostat retomber sur la montgolfière. La machine entière éprouva deux ou trois secousses et sa chute fut rapide et violente.

Les deux malheureux voyageurs tombèrent étouffés par la toile de l'aérostat et les reins fracassés par la balustrade de bois, aux mêmes places qu'ils occupaient à leur départ, Pilâtre tué sur le coup et son infortuné compagnon vivant encore, mais se tordant dans une agonie affreuse.

C'est dans cet état qu'on le retrouva, — terrible ironie du sort, — à l'endroit même où Blanchard était descendu. La chute des premiers martyrs de la science avait lieu au pied de la colonne que la France avait élevée à la gloire de celui dont Pilâtre avait voulu surpasser les exploits.

Maisonfort, le dernier ami du martyr, fut le premier qui arriva sur le lieu du sinistre; une jeune fille le suivait, mais elle n'eut pas la force de parvenir jusqu'à l'homme héroïque qu'elle avait tant aimé.

A côté de l'orgueilleuse colonne de Blanchard, la science peut montrer avec fierté la place où Pilâtre repose. Ce fut un héros, c'est un martyr. On ne trouve

Mort de Pilâtre de Rozier sur la côte de Boulogne.

plus que des larmes pour pleurer cette victime de la satire et de l'envie, que les épigrammes des uns, la jalousie des autres ont engagé dans une tentative peut-être chimérique, mais dont l'innovation ne méritait pas un si fatal insuccès.

Ah ! ils sont malheureux ceux qui ne réussissent pas ! Pilâtre a trouvé la mort, là où d'autres auraient trouvé la gloire. A quoi cela a-t-il tenu que son ascension ne réussît ? Il l'a faite dans un ballon fatigué, tiraillé, qui laissait échapper son gaz dans toutes les directions et qui, rencontrant le feu du réchaud de la montgolfière, a dû s'enflammer et faire explosion. Supposez le ballon frais et dispos comme l'aéronaute, et on avait peut-être un nouveau genre d'aérostat. que la mort de son innovateur a empêché d'essayer une autre fois !

Si jamais vous passez dans le petit cimetière de Wimille, saluez la tombe du martyr, veuve de cette épitaphe :

> Ci-gît un jeune téméraire
> Qui dans son généreux transport,
> De l'Olympe étonné franchissant la carrière,
> Y trouva le premier et la gloire et la mort.

CHAPITRE II

Les Aérostats militaires

En 1784, un des rivaux les plus illustres de Montgolfier, plus heureux que Pilâtre de Rozier et moins orgueilleux que Blanchard, le physicien Charles écrivait ces paroles mémorables :

« N'oublions pas que les aérostats donnent la possibilité de transporter des lettres et des effets par-dessus une armée ennemie, celle de demander des secours, et peut-être même, quand les neiges séparent les pays, de profiter des vents convenables, d'enjamber les plus hautes chaînes de montagnes pour se communiquer les nouvelles pressées. »

N'était-ce pas prévoir l'usage des ballons, pour les armées en campagne, qui devait se réaliser dix ans après ?

Mais à cette époque de terrorisme, où les savants et la science étaient tenus dans le plus profond mépris, où des hostilités de bas étage conduisaient à l'échafaud, au suicide ou à l'exil, nos hommes les plus illustres, l'aérostation à peine née ne pouvait qu'être étouffée dans son berceau.

Les boutades de Rousseau contre la civilisation avaient trouvé un digne chef d'école dans le plus venimeux des pamphlétaires. Marat, le triste démagogue devant qui le malheur de Pilâtre n'avait même pas trouvé grâce, avait enveloppé dans sa haine les ballons. On eût dit que les révolutionnaires voulaient empêcher la Révolution de doter la France d'une des plus belles inventions du génie de ce siècle étrange, qui de Louis XV et Voltaire passait à Robespierre et Marat.

La Convention eut heureusement plus de bon sens que la Commune de Paris. Elle avait dans son sein des hommes assez intelligents pour comprendre ces inventeurs que les déclamations des vandales paralysaient, quand Fouquier-Tainville ne les faisait pas taire en faisant tomber leur tête devant la statue de la liberté.

Un des premiers actes du Comité du salut public fut de créer un comité scientifique dont Monge, Berthollet et Carnot firent partie, sur la proposition, qui le croirait ? d'un simple magistrat de Dijon, Guyton de Morveau.

Dans un moment où la France nouvelle agitait

l'Europe entière par ses idées de liberté et d'égalité, où tous les rois nous faisaient la guerre, où notre patrie se trouvait sans pain, sans argent, sans soldats, il suffit, tant l'enthousiasme était grand, de frapper du pied ce sol béni, qui renfermait dans son sein les ressources les plus grandes, pour en faire jaillir des soldats, des généraux, et des savants pour les seconder.

Le premier de ces savants fut, comme nous l'avons dit, un jurisconsulte de province.

Guyton de Morveau était né à Dijon le 4 janvier 1737. Fils d'un professeur de droit, il dut demander une dispense d'âge pour remplir au parlement de Dijon les fonctions d'avocat général. Il n'avait que dix-huit ans, et n'en montra pas moins les plus hautes qualités du magistrat, jointes à l'éloquence de l'orateur. Mais toutes ces qualités lui devinrent inutiles, le jour où son amour pour la physique et la chimie l'emporta définitivement dans son esprit sur les études de droit.

Ce jour-là, il jeta la robe d'hermine aux orties, et fut reçu membre de l'Académie de Dijon, qui en fit son chancelier ; il obtint en 1773 des États de Bourgogne la création d'une chaire de chimie qu'il occupa pendant treize ans. C'est à lui que nous devons la découverte du pouvoir des fumigations acides, contre les miasmes contagieux. Ses procédés de désinfection dans les prisons, les vaisseaux, les hôpitaux, partout où l'accumulation des êtres vivants produit des germes de mort, a presque anéanti la fièvre, dite d'hôpital, et arrêté les progrès de l'affreuse épidémie de ce genre que des armées battues et manquant de tout devaient apporter de nouveau à leur suite en 1813 et 1814.

Le parlement de Dijon s'offensa de voir un de ses membres s'abaisser jusqu'à des études indignes d'un magistrat. Guyton de Morveau dut se défaire de sa charge et quitter Dijon pour Paris.

On était alors en 1793, au moment de la terreur. Chose étrange, pendant qu'au théâtre, Chénier faisait jouer des pièces où le méchant était toujours puni, que la poésie inspirait des Berquinades, que la préciosité était de mode, que les marchandes de fleurs faisaient fortune, le sang coulait sur la place de la Révolution où l'échafaud était en permanence. Et cependant Paris, toujours insouciant et frivole dans le plaisir, était encore resté vivace et actif dans le travail.

La science inventait et l'industrie marchait. Quelquefois il manquait bien un industriel ou un savant à l'appel, sauf à celui des condamnés, mais les vides étaient vite comblés. On aurait dit qu'une voix, celle de Dieu sans doute qu'on oubliait, mais qui n'oubliait pas, criait comme le capitaine à ses soldats décimés par la mitraille : « Serrez les rangs ! »

Guyton de Morveau arrivait juste à point pour combler un de ces vides. Les Montgolfier, les Charles, les Blanchard avaient fait des prosélytes, et l'aérostation voyait naître chaque jour de nouveaux partisans.

Déjà on cherchait la direction des ballons et les théories, disons mieux, les utopies de ces inventeurs ne trouvaient pas grâce devant les quolibets du public, ni devant la volonté bien arrêtée du gouvernement de ne pas répondre à leurs pétitions.

Un fait, qui passa alors inaperçu, décida Guyton de Morveau à proposer au comité du salut public le moyen d'utiliser les ballons pour observer les mouvements de l'ennemi, qui envahissait nos frontières et se croyait déjà maître d'un pays sans armée et sans roi.

Ce fait, le voici :

Le commandant Chanal était enfermé dans Condé qu'assiégeaient les armées coalisées. Il tenta de faire passer au général Dampierre des dépêches au moyen d'un ballon. Mais le résultat fut tout autre que celui qu'il attendait. Au lieu de descendre dans le camp français, le ballon était tombé dans le camp ennemi; c'était bien mal débuter. Aussi cette malheureuse expérience ne fit-elle que prouver que les ballons libres n'étaient d'aucune utilité, puisqu'il était impossible de leur imprimer une direction.

En apprenant ce fait, Guyton qui rêvait, lui aussi,

d'organiser une flottille de ballons destinée à porter le fer et le feu dans les pays ennemis, de répondre au manifeste du duc de Brunswick en incendiant la ville de Berlin, de donner enfin aux Français l'empire de l'air, ce qui aurait d'un seul coup annihilé les flottes de l'Angleterre, eut le bon sens de restreindre son ambition et d'offrir simplement au Comité du salut public une organisation de ballons captifs destinés aux armées en campagne.

« C'était, dit M. de Fonvielle, un excellent moyen d'électriser les soldats républicains que de donner une preuve aussi éclatante de la supériorité scientifique de la France.

« Avec quelle sécurité les troupes françaises ne procéderaient-elles point à leurs mouvements si, pendant les opérations militaires, elles se trouvaient sous l'égide d'actives vigies aériennes qui suivraient tous les détails de la marche de l'étranger? Ne seraient-ils point troublés dans leurs combinaisons stratégiques, les généraux des monarchies, quand ils verraient que leurs manœuvres pouvaient être déjouées, s'ils ne renonçaient à marcher en plein jour, s'ils ne se résignaient à exécuter leurs mouvements pendant la nuit au milieu des embuscades que les troupes républicaines ne manqueraient point de dresser?

« Est-ce que les villes françaises ne deviendraient point imprenables si les garnisons acquéraient la faculté de voir les ennemis former leurs colonnes d'assaut et placer en position leurs pièces d'artillerie?

« Mais les ballons ne semblaient pas seulement appelés à rendre des services au point de vue de la défense des places fortes. Est-ce que les armées républicaines ne pourraient point établir leurs fourneaux de gonflement dans le voisinage des villes qu'elles investissaient, afin de planer sur les remparts, de compter les canons de l'ennemi, de déterminer le chiffre de la garnison, d'assister à ses services, en un mot de participer aux moindres détails de sa vie militaire? »

Voilà, dans un lyrisme peut-être un peu outré, le but que poursuivait Guyton de Morveau. Voici ce qu'il proposa à la Convention nationale :

On se servira de ballons captifs qui, retenus au moyen d'un longue corde, pourront, quand il le faudra, être facilement ramenés à terre. Un officier d'état-major sera placé dans la nacelle et transmettra au moyen de signaux les renseignements dont le général en chef pourra avoir besoin.

Cette proposition fut acceptée par le Comité du salut public, mais à la condition expresse de préparer le gaz nécessaire au gonflement des ballons sans acide sulfurique, afin de ne pas gêner la fabrication de la poudre en employant une certaine quantité de soufre.

Lavoisier venait de faire des expériences dans lesquelles il avait obtenu de l'hydrogène pur, en décom-

posant de l'eau par le fer rougi à blanc. Guyton courut
chez lui et reconnut qu'en effet l'acide sulfurique pouvait être suppléé dans la fabrication du gaz nécessaire.

Le moyen était trouvé, restait à l'appliquer.

Guyton de Morveau qui avait préparé le succès de
l'aérostation militaire ne pouvait compléter son œuvre.
Malgré ses origines aristocratiques et son passé
parlementaire, imbu des idées nouvelles de la Révolution, il avait quitté son laboratoire paisible pour l'enceinte agitée des assemblées nationales et représentait
son pays natal à la Législative et à la Convention.
Bien que profitant de son rôle politique pour être utile
à la science, il lui était difficile de s'occuper exclusi-
vement des ballons, et il eut l'heureuse idée de se faire
suppléer par un de ses amis qui déjà s'était fait un nom
dans la science.

Cet ami, c'était le capitaine Coutelle.

Il est douteux que, même de notre temps, les soldats en campagne puissent se livrer aux précautions
minutieuses que nécessite l'opération du gonflement
d'un ballon. Ils n'en auraient ni le temps ni la patience,
de plus on ne trouverait pas beaucoup d'officiers ca-
pables de les commander.

Mais le capitaine Coutelle était un de ces hommes
rares et prédestinés qu'un pays ne rencontre que dans
les moments les plus difficiles de sa vie politique et
militaire.

Ancien élève des cours de physique de Charles, ami de Pilâtre de Rozier, il avait été attaché à l'éducation du comte d'Artois comme précepteur et avait même porté le petit collet. Plein du feu de la jeunesse malgré ses cinquante ans, rigide comme un pédagogue, bouillant comme un soldat, savant comme Guyton et Lavoisier, brave comme son épée, il se donna tout entier à l'exploitation des ballons captifs à l'usage de nos armées et, pour mieux mener à bonne fin cette difficile entreprise, il étudia sous la direction de Lavoisier la fabrication du gaz hydrogène.

Dès qu'il fut sûr de cette fabrication, après une expérience décisive, — bien qu'il eût mis trois jours et trois nuits à gonfler un ballon avec 160 mètres cubes d'hydrogène pur, — Coutelle se hâta de demander au Comité du salut public l'autorisation de rejoindre l'armée avec tout son matériel. Ce ne fut pas une autorisation qu'il reçut, mais bien l'ordre de partir pour la Belgique et d'aller proposer au général Jourdan le nouveau mode d'observation.

Les deux armées de la Moselle et de la Sambre, fortes à elles deux de 100,000 hommes, venaient d'être réunies sous le commandement du général Jourdan. La nouvelle armée avait pris le nom de Sambre-et-Meuse.

Coutelle arrive à Maubeuge que bloquaient les Autrichiens; mais Jourdan avait quitté Maubeuge et son quartier général était établi à Beaumont, distant de six

lieues. La pluie avait détrempé les chemins ; le capitaine arriva aux avant-postes français, couvert de boue
et ses habits déchirés. Son aspect inspira peu de
confiance aux sentinelles qui le conduisirent devant le
représentant du peuple en mission à l'armée.

Duquesnoy était un Saint-Just au petit pied. Patriote
ardent, mais républicain avant tout, il ne voyait que
des espions et des traîtres. Cet homme pâle, défait, se
soutenant à peine, qui se présentait à lui, au nom du
Comité du salut public, le fit sursauter. Il le toisa
d'un air dédaigneux d'abord ; mais comme Coutelle,
revenu à lui, et retrouvant toute son énergie le regardait bien en face, il se troubla et permit au capitaine
de lui exposer l'objet de sa mission.

Peu à peu le représentant du peuple en écoutant le
capitaine qui parlait d'une voix calme sentit sa colère
se fondre et ses craintes puériles s'envoler. Il ne
comprenait qu'une chose, lui délégué de la nation,
c'est que cet homme venait de la part du comité qui
régnait alors sur la France.

— Citoyen, dit-il avec cette voix que les gens qui
se croient sensés prennent pour parler aux gens qu'ils
croient fous, votre idée est bonne ; elle doit l'être du
moins ; mais je vous conseille de voir le général.

— Allez le chercher, je l'attends s'écria Coutelle
indigné.

— Chercher le général ? y pensez-vous ?

— Au nom du Comité du salut public.

— Bien entendu. Mais avouez, mon garçon, que je suis tout-puissant ici, vous m'avez l'air suspect, et sans discuter plus longtemps si je vous faisais fusiller, croyez-vous que le Comité y trouverait beaucoup à redire ?

Le farouche patriote s'assit tranquillement, se croisa les jambes et continua d'un ton persifleur :

— Des ballons ? Des ballons dans le camp ? Quelle plaisanterie ! Le commandant Chanal aussi a voulu se servir de vos ballons et ce n'était que pour déguiser son projet de livrer la place à l'ennemi.

Coutelle sans se troubler prit un siège, s'assit et répliqua :

— Je suis très fatigué, et rester debout devant vous qui êtes assis ne me va guère. J'attendrai mieux ainsi que le général vienne recevoir les ordres du Comité du salut public.

— Des ordres encore, quels ordres ? s'écria une voix irritée.

Et le général Jourdan se précipita dans la tente du représentant du peuple.

Cette fois ce fut bien pire. Duquesnoy avait pris Coutelle pour un suspect, Jourdan le prit pour un espion.

Que se passa-t-il entre ces trois hommes ? Nul ne le sait, mais une heure après Coutelle rayonnant quittait le général et le représentant, qui lui serraient les mains en le félicitant de son zèle pour la défense de la patrie.

Les dernières paroles de Jourdan furent celles-ci :

— Dites au Comité que j'accepte avec plaisir ses propositions, mais à condition que l'on n'ait point à faire d'expériences dans une place aussi étroitement bloquée que Maubeuge et que les appareils nécessaires aient été préalablement expérimentés à Paris.

La commission donnée par le général Jourdan fut faite par le capitaine Coutelle, et le Comité du salut public décida qu'on commencerait immédiatement les expériences au château de Meudon.

Mais de même que Guyton de Morveau s'était associé Coutelle, de même Coutelle devait s'associer Conté, un jeune savant dont nous aurons à parler plus longuement dans un autre chapitre.

A eux deux, ils surent créer l'art de l'aérostation militaire. Ingénieux et savants, ces hommes de génie surmontèrent en quelques jours les difficultés qui arrêtaient les plus ardents depuis dix ans !....

Une compagnie d'aérostiers militaires fut formée : elle n'était que de cinquante hommes, mais le capitaine avait le droit de recruter des hommes de corvée dans tous les corps d'armée. Elle se composait surtout d'ouvriers. Le premier lieutenant, nommé Delaunay, était un ancien maître maçon dont l'intelligence et les connaissances pratiques devaient être appréciées plus d'une fois pendant la campagne. Le sous-lieutenant était un chimiste très renommé, les sous-officiers, des charpentiers, des tailleurs et des cordiers. Le costume, sauf les boutons, ne différait pas de celui du génie.

Dès que les fourneaux et les appareils destinés au gonflement du ballon furent construits, après une expérience faite au château de Meudon devant la commission scientifique, Coutelle mit sa compagnie en marche pour Maubeuge, pendant qu'il partait en poste accompagné de son premier lieutenant.

Les troupes autrichiennes et hollandaises qui assiégeaient Maubeuge n'étaient pas assez nombreuses pour investir complètement la place. Du côté de la France, elle était défendue par un camp retranché, c'est cette route que prirent les aérostiers pour pénétrer dans la place.

L'aérostat et les tuyaux de gonflement avaient été placés sur une prolonge d'artillerie. On construisit les fourneaux, près des remparts, dans la cour du collège, derrière un bastion dont les pièces faisaient souvent cesser le feu ennemi.

Guyton de Morveau lui-même présidait au gonflement du ballon que Coutelle venait de baptiser : *l'Entreprenant*. Ce gonflement ne fut pas chose facile ; il dura quarante heures pendant lesquelles les

L'*Entreprenant* s'éleva dans les airs avec deux officiers.

aérostiers ne prirent pas une heure de repos, le feu ne devant pas être éteint.

Mais alors se produisit un fait qui malheureusement s'est reproduit souvent dans nos armées. Les soldats jaloux de ces « fainéants » d'aérostiers les criblèrent de quolibets. Des plaisanteries, on en vint aux coups, et il fallut que Coutelle, pour faire accepter ses soldats du reste de l'armée, les envoyât au feu.

Le lendemain dans une sortie, les aérostiers combattaient au milieu des troupes et faisant vaillamment leur devoir, laissaient deux des leurs sur le champ de bataille. Le soir, ils appartenaient réellement à l'armée.

Et trois jours après, l'*Entreprenant*, tout gonflé, s'élançait dans les airs au bruit du canon et des hourras de la garnison, aux yeux épouvantés de l'ennemi.

L'aérostat ne pouvait enlever à 500 mètres que deux personnes, avec un poids de lest à peu près égal au leur et qui leur servait à régler l'ascension. On jetait ce lest à mesure que le ballon s'élevait, de manière à faire équilibre au poids du câble, lequel pesait de plus en plus sur le ballon à mesure qu'il se déroulait. Les soldats tenaient les cordes. Les officiers seuls avaient le droit de monter dans la nacelle.

Nous ne pouvons mieux faire pour décrire les premières ascensions de l'*Entreprenant* que de les découper dans le rapport fait par l'officier du génie qui accompagnait le capitaine Coutelle. Ce rapport était tellement clair et circonstancié qu'il paraissait presque impossible désormais de ne pas suivre à l'œil nu tous les mouvements de l'ennemi.

Ainsi, Coutelle remarqua d'abord qu'il y avait beaucoup de tentes dans le camp, mais très peu d'hommes. Le nombre de ces tentes était destiné à masquer la faiblesse de l'effectif.

L'effet moral produit dans le camp autrichien par ce spectacle nouveau fut immense. Il frappa surtout les chefs, qui ne tardèrent pas à s'apercevoir que leurs soldats croyaient avoir affaire à des sorciers.

Pour combattre cette opinion et relever leur courage, les généraux résolurent d'abattre cette fatale machine. Dès qu'ils eurent constaté que l'aérostat s'élevait régulièrement dans le même emplacement, derrière le même cavalier, ils firent placer deux pièces de canon dans un chemin creux, et lorsque l'aérostat s'éleva le matin dans les airs, un premier boulet passant au-dessus de l'enveloppe alla tomber à toute volée dans le camp retranché.

Presque aussitôt un autre boulet frisa la nacelle et le capitaine en souriant salua cet indiscret témoin de ses opérations. Aux deux détonations, du reste, Coutelle avait répondu par le cri de : Vive la République !...

Si les Autrichiens avaient eu l'idée d'envoyer des bombes et des obus dans le jardin où se gonflait le ballon, ou seulement de viser les cordes qui retenaient le ballon, c'en était fait de l'aérostation captive. Il eût fallu revenir aux premiers errements de Guyton de Morveau. Mais soit oubli, soit peur, l'ennemi n'y pensa pas ; il fit mieux, le lendemain il ne recommença pas.

Et pendant tous ces travaux, toutes ces fatigues, sous le canon de l'ennemi, les officiers donnaient un bal aux dames de Maubeuge !

Nos armées étaient partout victorieuses ; il ne restait plus au général Jourdan qu'à s'emparer de Charleroi pour que la route de Bruxelles devint complètement libre, et que Maubeuge fût débloqué.

Coutelle fut consulté pour cette marche en avant. Jourdan lui demanda si, sans perdre de temps, l'aérostat pouvait être rendu mobile et s'il serait possible de le traîner à la suite de l'armée.

Maubeuge est à douze lieues de Charleroi, le pays est occupé par plusieurs lignes d'ennemis sous le feu desquels on devra passer. La nécessité de faire des reconnaissances aussitôt l'arrivée de l'aérostat ne permet pas de transporter le matériel nécessaire au gonflement. Voilà les difficultés insurmontables qui se dressent devant Coutelle.

Mais il n'en tient aucun compte. Son plan est hardiment conçu et son parti vite pris. L'*Entreprenant* ne sera pas dégonflé et le lendemain la compagnie sera au milieu de l'armée investissant Charleroi. Si le plan est hardi, l'exécution est plus hardie encore.

Voici comment Coutelle imagina de transporter l'équipage. On attacha à l'équateur vingt pattes d'oie mobile à l'aide d'un nœud coulant. A chacune s'attachait une corde qu'un aérostier tenait à sa ceinture et qu'il pouvait lâcher au premier signal.

Les vingt hommes étaient divisés en deux équipes, maintenant le ballon à une hauteur suffisante pour laisser passer dessous l'artillerie et la cavalerie, de plus marchant en dehors de la route afin de ne pas gêner le passage des troupes.

Le capitaine était dans la nacelle où se trouvaient les cordes d'ascension, les piquets de campement, les signaux, la bâche qui la nuit couvrait le ballon, et un certain nombre de sacs de lest, afin de les jeter en cas de danger pour que le ballon pût se relever rapidement.

Pendant la nuit les aérostiers attachés à l'*Entreprenant* se mettent en route. Au moyen d'échelles ils franchissent la première enceinte des remparts de Maubeuge. Toutefois cette manœuvre est répétée au milieu du plus grand silence, sans que le ballon dépasse sensiblement les bastions. Cette manœuvre hardie n'éveille pas un seul instant l'attention de l'en-

nemi que, du haut de sa nacelle, Coutelle ne perd pas
de vue.

Quand le jour parut, les aérostiers étaient sur la
route de Namur. Aucun obstacle semblait ne pouvoir
les arrêter; cependant, par prudence, le capitaine
leur donne l'ordre de couper à travers champs. Les
terres détrempées par les pluies retardent la marche,
le vent qui a fraîchi joue avec le ballon comme une
raquette avec un volant, et Coutelle toujours impassible ne quitte pas du regard la route à suivre et ses
hommes n'ont pas une minute de défaillance!...

La chaleur, — car on était au mois de juin, — arrive étouffante, lourde, orageuse. Les chemins sont
secs, mais au lieu d'enfoncer dans la boue, les hommes marchent sur une poussière mouvante et noire
dont les recouvre le transport habituel des houilles
de Charleroi.

Et l'*Entreprenant*, dont on voit à peine les fils, se
soutenant seul dans les airs, apparaît subitement
dans ces contrées superstitieuses qui se signent ou
se sauvent devant ces démons demi-nus et couverts
d'une couche de charbon pilé.

Enfin on arrive au terme de cette journée de fatigues et de dangers. Les bons Flamands revenus de
leur terreur apportent à boire et à manger, les camarades des autres corps, disséminés sur la route de
Charleroi, viennent au secours des aérostiers et sou-

dain, au moment où la nuit va encore retarder cette marche si pénible, apparaît le général Jourdan qui, suivi de tout son état-major, de ses officiers et d'une foule de soldats enthousiasmés, accourt pour faire les honneurs d'une visite au ballon.

Musique en tête, l'*Entreprenant* est dirigé vers une ferme abandonnée qui doit lui servir de quartier général, et Coutelle reçoit immédiatement l'ordre de se préparer à faire le lendemain une première ascension.

— Agissons vivement, s'écrie le général, une armée autrichienne s'avance à marches forcées au secours de la place qu'il faut forcer à se rendre.

Le lendemain à la pointe du jour, Coutelle planait sur le glacis de Charleroi dont il étudiait l'état de défense, sans se soucier des balles et des boulets qui pleuvaient autour de lui. Et le soir même la capitulation était signée. L'aérostat, innocente cause de cette victoire, avait semé la terreur dans la garnison!

Il était temps, l'armée autrichienne s'avançait au secours de Charleroi, mais Jourdan allait la retrouver dans les plaines de Fleurus, où l'*Entreprenant* devait couvrir le capitaine Coutelle d'une gloire trop vite éclipsée.

Nous n'avons pas à raconter cette victoire immortelle de Fleurus, mais bien le rôle que joua Coutelle dans cette mémorable journée. Son ballon était in-

stallé près du fameux moulin de Jumiège. Un temps
clair favorisait les observations.

Non loin de là, le général Jourdan et le représentant Saint-Just, s'étaient placés sur un petit monticule
qui leur permettait de s'exhausser et de contrôler
les renseignements descendant du ballon. Les de-
mandes se transmettaient à l'aide d'une petite corde
que Coutelle amenait, et les réponses étaient lancées
enfermées dans des petits sacs de lest surmontés de
petits drapeaux.

L'*Entreprenant* resta dix heures consécutives dans
les airs, et pendant ce temps, si long dans une bataille, pas un mouvement de l'ennemi n'échappa à
Coutelle. Nos soldats semblaient voir dans ce ballon
le génie de la France qui veillait sur eux. La vue de
l'*Entreprenant* soutenait leur courage, développait
leur ardeur, empêchait les défaillances. Le salut de
l'armée est dû tout entier à cette confiance, qui serait
exagérée si elle n'avait été si dignement justifiée.
D'un autre côté, les ennemis attribuaient l'insuccès
de leurs armes à cette machine — inventée par les
Français, vrais fils du diable, — à laquelle ils mon-
traient le poing et qu'ils auraient adorée, s'ils avaient
osé, en se prosternant devant elle!...

Que l'*Entreprenant* fût oui ou non une des causes
de la victoire de Fleurus, il n'en avait pas moins puissamment aidé les vainqueurs. Cela seul suffit à sa

gloire, et prouve l'utilité des aérostats dans une bataille ou un siège. Du reste son rôle n'était pas fini, et sans le suivre dans ses triomphes de curiosité à Bruxelles, dans ses revers à Maëstricht, dans ses voyages à Liége avec les généraux Lefebvre, Pichegru et Chaptal, nous irons le trouver devant Mayence, où Coutelle peut se flatter d'avoir conquis sa place de martyr et de héros dans la liste des naufragés aériens.

En avril 1795, Coutelle reçut l'ordre de rejoindre l'armée du Rhin qui bloquait Mayence. Il s'y rendit en toute hâte avec sa compagnie. Son ballon l'*Entreprenant* l'y attendait déjà.

Mayence était réduite aux dernières extrémités. Les paysans avaient dévasté les abords de la place avant de s'y enfermer, et l'armée assiégeante elle-même était obligée d'aller chercher ses vivres à trois lieues de là.

Les aérostiers étaient nouveaux, mais fiers de leurs devanciers ; ils se multiplièrent pour accomplir le grand nombre d'ascensions que réclamait le général Lefebvre.

A Mayence, comme à Maubeuge, l'*Entreprenant* opéra sur les ennemis la même terreur superstitieuse ; il inspira aux officiers la même admiration, pour cette manière aussi hardie que savante d'observer et pour ces hommes aventureux qui faisaient si bon marché de leur vie. Pendant un armistice, les officiers autrichiens demandèrent et obtinrent la permission d'assister à une ascension. Coutelle prit place dans la nacelle, et plana pendant une heure au-dessus des remparts.

L'enthousiasme des ennemis est à son comble.

— Mais comment, leur dit Coutelle, n'en faites-vous pas autant?

— Oh! lui répondit-on, il n'y a que les Français pour imaginer et exécuter une pareille entreprise!

La reddition de la place était inévitable. On s'y attendait de jour en jour, mais l'impatience du général français en précipitait les péripéties, et Coutelle du haut de l'*Entreprenant* surveillait incessamment les brèches que notre artillerie avait faites dans les remparts de la ville assiégée.

Un jour un orage épouvantable éclate. Le vent balaie les tentes, déracine les arbres, démolit les maisons. Les hommes eux-mêmes sont obligés de se mettre à plat ventre pour ne pas être renversés, et cependant Coutelle a reçu l'ordre de faire une ascension. Le général Lefebvre veut monter à l'assaut, mais il ignore si, dans la nuit, les brèches n'ont pas été réparées, et il faut que Coutelle s'en assure.

Les aérostiers et leur capitaine sont prêts, mais on eût dit que ce jour-là le ciel avait fait alliance avec les Autrichiens. La tempête devient plus terrible, les nuages rasent le sol poussés par le vent ; le sable et la poussière fine se soulèvent en tourbillons qui aveuglent et renversent les hommes.

Coutelle, bien que souffrant des fièvres qui devaient le forcer à rentrer à Paris, au moment où il pouvait rendre à l'armée les plus grands services, lutte contre la tempête, fait tous ses préparatifs et monte dans la nacelle pendant une accalmie. L'aérostat s'élève rapidement droit comme une flèche, en tirant sur les cordes, et soulevant à leur bout les grappes d'hommes qui s'y cramponnent, puis il se replie sur lui-même, tourne, s'agite en tous les sens, secouant au vent, qui fait rage, la nacelle, d'où le capitaine sans souffle, meurtri, aveuglé, les bras passés dans les cordelettes qui lui coupent les chairs, ne s'occupe que de voir la brèche des remparts.

Soudain, la tempête redouble, les nuages chargés d'électricité entourent l'aérostat de lueurs phosphorescentes, la bourrasque le fait tournoyer et le précipite violemment sur la terre. Trois fois il se relève et trois fois il retombe. On dirait une balle que la main d'un géant jette à terre et qui rebondit dans la main du joueur. Les soixante hommes qui le tiennent sont épuisés, leurs mains meurtries vont lâcher les cordes ; éblouis par les éclairs, trempés par la pluie, aveuglés par la poussière, ils suivent inconscients les mouvements désordonnés du ballon.

auquel ils se cramponnent encore , non pour eux, mais pour le capitaine dont ils ignorent le sort et dont ils n'entendent plus la voix qui leur commandait la manœuvre et les encourageait tout à l'heure.

Le ballon est retombé brusquement pour la quatrième fois. Les hommes ont entendu un sinistre craquement. Quelques-uns courent à la nacelle, croyant y trouver mort leur capitaine, mais Coutelle est debout, pâle et impassible, rajustant les planches brisées et nouant les cordes coupées.

Brave jusqu'à la témérité, ne connaissant que la consigne et son devoir, il remonte, et quand on le supplie d'attendre que la tempête ait pris fin, il répond :

, — Lâchez tout !

Et le ballon remonte dans les airs. Et la lutte recommence cette fois plus terrible. Coutelle est perdu. La nacelle ouverte ne peut le soutenir, les cordelettes sont usées et l'aérostat perd une partie de son gaz.

Il semble, à voir sourire le naufragé de l'air, qu'une main divine le soutient dans son œuvre héroïque. Coutelle ne voit pas le danger. Que lui importe la mort, pourvu que les quelques lignes qu'il trace à grand'peine sur son carnet parviennent au général en chef. C'est qu'il a pu entrevoir les glacis, les remparts, la brèche. Rien n'est changé et, profitant de la tempête, l'armée française peut tenter l'assaut.

Alors se passa un de ces faits qui honorent l'histoire des peuples et qui deviennent de plus en plus rares. Cinq officiers autrichiens sont sortis en parlementaires, et les sentinelles les ont conduits au général en chef.

— Général, disent-ils, nous vous supplions de donner l'ordre au brave capitaine Coutelle de descendre. Il va périr par cette tempête, et il ne faut pas qu'il soit victime d'un accident étranger à la guerre ; nous lui apportons de la part du commandant de Mayence l'autorisation d'entrer dans nos lignes pour examiner en toute liberté les ouvrages de la défense de nos fortifications.

Le général Lefebvre rougit à cette proposition, qui lui prouvait que l'ennemi était plus humain que lui, mais cachant cette impression sous une moue dédaigneuse :

—Je laisse libre, répliqua-t-il, le capitaine Coutelle de cesser ses observations et de descendre de l'aérostat.

L'*Entreprenant*, qui pouvait à peine se tenir dans les airs, était encore retombé. Coutelle roulé dans la boue n'avait plus figure humaine, il était obligé de rester à cheval sur le rebord de la nacelle qui n'avait plus de fond, et les cordages, rouges de sang, attestaient les efforts surhumains qu'il faisait pour y rester cramponné.

L'aéronaute Coutelle devant Mayence.

Un officier lui transmit la proposition des Autrichiens et la réponse du général.

— Lâchez tout, répondit encore Coutelle.

Et quelques secondes plus tard, il planait de nouveau au-dessus de Mayence.

On ne sait ce qu'il faut le plus admirer ou de l'inflexibilité du général, ou de la générosité des Autrichiens, ou de la bravoure de Coutelle.

Quelques jours plus tard, le capitaine quittait l'armée, malade de fièvres intermittentes qui, comme il le dit lui-même, le prenaient dès son entrée en campagne pour ne le quitter qu'au repos.

L'*Entreprenant* aussi était bien malade. On le répara et après quelques ascensions insignifiantes, il fut amené devant Manheim.

Là, il y trouva une fin digne de son existence. On l'avait laissé tout gonflé en dehors des fortifications, dans une enceinte fermée de cordes et de piquets, sous la garde d'une sentinelle.

Vers huit heures du soir, les aérostiers étaient dispersés çà et là, les officiers occupés dans leurs tentes, quand une explosion retentit. La sentinelle crie : Aux armes ! On se précipite et on trouve l'aérostat criblé de blessures par lesquelles s'échappait le gaz.

C'était un Autrichien qui venait de se venger sur le pauvre ballon des terreurs qu'il avait inspirées à l'armée autrichienne.

Cependant on parvint à le faire revivre, mais les revers de nos armées sur le Rhin, la mauvaise volonté de Hoche qui trouvait inutiles les *aérostatiers*, la maladie persistante de Coutelle, qui pauvre et délaissé à Paris, n'avait pas tous les jours de quoi manger, reléguèrent dans l'oubli l'aérostation militaire, malgré les efforts des savants, en dépit des ascensions que fit le capitaine Lhomond à Wurtzbourg, contre le vœu des commissions scientifiques dont le premier Consul aimait à s'entourer.

Car Bonaparte était entré en scène et si un général devait comprendre les services que pouvaient rendre les Guyton de Morveau, les Conté et surtout les Coutelle, c'était bien celui qui, en commençant la campagne d'Égypte, rêvait d'anéantir l'Angleterre en l'attaquant par les Indes.

Bonaparte décida que Coutelle et sa compagnie feraient partie de l'expédition, mais la mauvaise fortune avait pris à partie le naufragé de Mayence. Le bâtiment qui portait son matériel fut pris et coulé par les Anglais.

Coutelle disparut dès lors dans un voyage d'exploration aux sources du Nil. L'histoire a oublié ce héros, qu'elle aurait fait immortel s'il était mort devant Mayence, martyr de sa bravoure et de son dévouement à la patrie.

Nous retrouverons dans un autre chapitre l'aérostation militaire, mais nous ne retrouverons pas de Coutelle. Puissent ces quelques lignes réveiller le souvenir du grand citoyen, de l'héroïque soldat et donner aux aérostiers de l'avenir l'idée de le remplacer et l'orgueil de l'égaler en bravoure !

CHAPITRE III

Nécrologie de l'Aérostation.

Si la République française dut quelquefois ses succès militaires aux ballons, ceux-ci durent à la Révolution les seules études sérieuses dont ils ont été l'objet pendant de longues années. Mais quand la Révolution fut détournée de son cours, ils retournèrent sur les places publiques pour contribuer à l'éclat des fêtes et à l'ébahissement de la foule, seul genre de succès que les philosophes comme Rousseau ou les pamphlétaires comme Marat ne leur aient jamais contesté.

Aussi voit-on alors le règne des aéronautes de profession succéder à celui des Montgolfier, des Pilâtre de Rozier, des Charles, des Blanchard. Le métier a remplacé la science et compte comme elle des célébrités. La place publique retrouve des mar-

tyrs sinon des héros, dans cette carrière aussi périlleuse que lucrative.

En tête de ces martyrs du métier se place :

MADAME BLANCHARD.

Son mari était mort impopulaire et pauvre, frappé
par une attaque d'apoplexie pendant sa soixantième
ascension, et personne n'avait eu une parole de pitié
pour cet orgueilleux, qui s'appelait lui-même l'aéronaute des cours royales d'Europe.

La gêne qu'il éprouva dans ses dernières années
fut si grande, qu'il disait à sa femme :

— Tu n'auras, ma chère amie, d'autre ressource,
quand je serai mort, que de te noyer ou te pendre.

Blanchard se trompait. Sa femme ne se laissa pas
abattre par le malheur. Elle était très jeune encore.
Sa naissance avait été aussi romanesque que devait
l'être sa carrière. Une paysanne des environs de la
Rochelle, dans un état de grossesse assez avancé,
rencontra Blanchard qui lui dit en riant :

— Ma foi, madame, si vous êtes mère d'une fille,
je l'épouserai quand elle sera grande.

Cette fille devint madame Blanchard seize ans
après et prenant au sérieux l'article du code qui en-
joint à la femme de suivre son mari, elle se décida
à accompagner dans les airs celui qui lui donnait
son nom.

En 1805, elle fit à Toulouse sa première ascension seule. Très petite, fluette et maigre, elle montait dans un ballon aux dimensions très exiguës et dont la nacelle était d'une légèreté à donner le vertige. On eût dit une corbeille à ouvrage ou un berceau d'enfant.

Dès que son mari fut mort, elle fit son métier de ce qui pour elle n'avait été jusqu'à ce jour qu'un amusement. Grâce au nom qu'elle portait, à son intrépidité, elle put multiplier ses voyages aériens et acquérir la fortune en peu de temps.

La plupart de ces ascensions, toutes accomplies dans des fêtes publiques, sont aujourd'hui ignorées; elles n'offriraient du reste aucun intérêt. Peu nous importe de savoir que madame Blanchard, pendant quinze ans, fit à Rome, Naples et Turin, cinquante ascensions. L'aéronaute était assez bien payée, pour n'avoir pas besoin d'une gloire posthume.

La jeune aéronaute cependant mérite quelques honneurs, quand ce ne serait qu'à cause de sa fin tragique. Elle courut du reste beaucoup de dangers qui lui feraient pardonner son esprit mercantile, si dans ce siècle d'argent surtout.

Comptant trop sur son étoile et sa présence d'esprit, elle laissait son ballon s'enlever très haut. Un jour elle faillit périr dans un nuage de cristaux de neige. Une hémorrhagie violente s'était déclarée et ce ne fut qu'en touchant terre que le sang cessa de couler.

Une autre fois, elle ouvre la soupape sans se rendre compte de la nature du sol et effectue sa descente sur le sommet de grands arbres où elle resta perchée jusqu'à ce que des paysans vinssent à son aide.

Un jour encore, croyant descendre dans une prairie, elle s'enfonça dans un marais d'où on put la retirer à temps.

Mais rien ne pouvait la corriger et ses imprudences étaient à la hauteur de son intrépidité.

Le 6 juillet 1819, il y avait grande fête dans le jardin de Tivoli de la rue Saint-Lazare. Madame Blanchard devait faire l'ascension qui terminait la journée.

Depuis quelques jours tous les journaux avaient annoncé l'ascension qui promettait d'être très brillante; une foule considérable se pressait dans le jardin autour de l'enceinte réservée et illuminée par des feux de bengale. A huit heures (car madame Blanchard aimait surtout à faire ses ascensions la nuit), l'aéronaute monte dans sa nacelle et le ballon s'élève au son d'une musique éclatante, entraînant avec lui une immense étoile à laquelle on a mis le feu.

Une pluie d'or qui semble sortir de la nacelle inonde les spectateurs qui applaudissent avec frénésie. Madame Blanchard, ivre d'orgueil et de joie,

se penche et allume avec une lance à feu un feu d'artifice suspendu au-dessous de la nacelle. Le ballon
monte toujours laissant derrière lui des torrents de
lumière. On peut suivre à ce sillon lumineux la route
suivie par l'aérostat.

Soudain, les flammes jaillissent de toutes parts
enveloppant le ballon et les applaudissements redou-
blent. Jamais Paris n'a vu un spectacle pareil!.. C'é-
tait le bouquet de la fête.

Hélas! la foule ignorante ne pouvait se douter du
drame qui se jouait dans les airs, au milieu de la
nuit, dans une nacelle d'osier où une femme seule,
épouvantée, se voyait entourée de flammes qu'elle ne
parvenait pas à éteindre.

Que s'était-il passé? L'infortunée, toujours aussi
imprudente, avait voulu faire du nouveau pour éblouir
le public. Elle avait préparé et emporté avec elle un
petit parachute qu'elle devait lâcher en allumant
l'artifice qui le lestait et se terminait par une bombe.
Elle avait calculé que ce parachute lancé dans les
airs, avec sa pluie d'étincelles dorées et argentées,
rouges, vertes, bleues, offrirait un gracieux spectacle.
Et pour mettre le feu à cet artifice, elle place dans
sa nacelle d'osier, à claire voie, garnie de papier
peint, une lance tout allumée!...

Au moment où tenant d'une main son petit parachute, elle prit de l'autre cette lance, elle ne fit pas

Mme Blanchard glissa sur le toit et fut précipitée dans la rue.

attention que la flamme passait à travers la colonne de gaz qui fusait par l'appendice. Ce gaz s'enflamma tout aussitôt et nacelle et ballon furent enveloppés par l'incendie.

Les applaudissements redoublaient toujours. On voyait parfaitement bien, à la lueur du feu, la courageuse femme assise dans la nacelle et qui dans l'impossibilité où elle était sans doute d'éteindre les flammes, ne s'occupait plus que du lieu où son ballon enflammé allait la faire tomber. Son apparence tranquille suffisait pour rassurer les spectateurs.

Le ballon descend lentement. Ce n'est pas encore une chute, et madame Blanchard attend un moment favorable pour sauter à terre.

Malheureusement le vent souffle de l'Est et au lieu de l'entraîner dans la plaine de Monceau ou les jardins de la rue Chauchat, il la conduit au cœur même de Paris, sur les toits des maisons de la rue de Provence.

L'aéronaute se voit perdue. On entend alors un cri suprême de désespoir.

— A moi, crie Madame Blanchard.

Puis le ballon disparaît derrière les maisons et le cadavre de l'infortunée affreusement mutilé roule dans la rue de Provence, sous les yeux des passants qui revenaient de la fête en riant et chantant.

Au sommet de la maison n° 16 on voyait la nacelle accrochée à un crampon de fer. La secousse avait dù être si forte que madame Blanchard glissant sur le toit en pointe n'avait pu se retenir et était tombée dans la rue, la tête et l'épaule fracassées.

La nouvelle fut bien vite connue dans les jardins de Tivoli. Nul ne voulait y croire, mais il fallut bien se rendre à l'évidence, quand on apporta au milieu de la fête si terriblement interrompue le cadavre de l'aéronaute.

Une souscription ouverte à l'instant produisit une somme assez ronde qui permit d'élever à madame Blanchard le tombeau où elle repose dans le cimetière du Père Lachaise.

Le second martyr de l'aérostation qui se présente à nos souvenirs est

FRANÇOIS ZAMBECCARI.

Il s'était consacré de bonne heure à l'étude des sciences; dès l'âge de vingt ans, officier dans la marine espagnole, il prit part à l'expédition contre les Turcs et fut fait prisonnier, avec tout l'équipage. Envoyé au bagne, à Constantinople, il y resta trois ans et ne dut sa liberté qu'aux réclamations de l'ambassade d'Espagne.

Pendant sa captivité, il avait étudié la théorie de l'aérostation. De retour à Bologne, il composa un traité sur cette question et le gouvernement pontifical, pour lui permettre de continuer ses études mit à sa disposition une certaine somme d'argent.

Zambeccari se mit à l'œuvre ou plutôt recommença l'œuvre de Montgolfier ; il se servait d'une lampe à esprit-de-vin dont il dirigeait à volonté la flamme, espérant à l'aide de ce moyen primitif guider à son gré la machine une fois qu'elle serait dans l'atmosphère.

La lampe qu'employait Zambeccari était de forme circulaire, percée sur son pourtour de vingt-quatre trous, garnie d'une mèche et surmontée d'une sorte d'éteignoir ou écran qui permettait d'arrêter à volonté la combustion sur un des points de la lampe. Au moyen de son appareil, sans craindre que le feu de la lampe ne mît en combustion le gaz hydrogène contenu dans le ballon, ce qui avait causé la mort de Pilâtre et devait causer la sienne, il se dirigeait à volonté et put décrire un cercle en planant au-dessus de la ville de Bologne. Ce succès lui fit faire fausse route.

Zambeccari prépara dans ces conditions une première ascension. Elle ne fut pas heureuse et aurait bien dû lui prouver son imprudence et son erreur. L'aérostat se heurta contre un arbre, la lampe se brisa dans le choc, l'esprit-de-vin enflammé se répandit sur ses habits, et c'est dans cette situation effrayante qu'il disparut dans les nuages. Quand il revint à terre, il était couvert de brûlures, mais toujours confiant dans son œuvre, car en dépit de cet accident on le vit recommencer ses ascensions.

Le 1ᵉʳ septembre 1804 il prépara un second voyage pour lequel le gouvernement pontifical toujours généreux lui avait donné 8,000 écus. Son ballon était à moitié détruit par le mauvais temps et hors d'état de faire un long voyage. L'imprudent ne se décida pas moins à s'en servir. L'exemple de Pilâtre aurait bien dû encore le forcer à renoncer à son fatal projet, mais là aussi l'amour-propre de l'aéronaute était en jeu. Plus il se présentait d'obstacles au départ et plus Zambeccari s'acharnait à vouloir partir, pour faire taire les médisances des uns et les jalousies des autres.

Il avait deux compagnons de voyage, Andreoli et Grassetti. Le ballon ne put s'élever qu'à grand'peine, à la tombée de la nuit, et Zambeccari un peu inquiet, ayant du reste satisfait la curiosité méchante du public gouailleur qui l'accablait de ses quolibets, résolut de se maintenir le moins longtemps et le moins haut possible dans l'atmosphère et de redescendre au lever du jour. Par malheur l'aéronaute s'était trompé et quand son aérostat fut à une certaine hauteur, il s'éleva avec une rapidité vertigineuse dans les régions supérieures où le froid surprit les trois voyageurs.

Zambeccari qui n'avait pas pris de nourriture depuis vingt-quatre heures tomba en défaillance ou plutôt dans un sommeil comparable à la mort. Il en arriva autant à Grassetti. Andreoli seul resta éveillé. Après les plus grands efforts l'aérostat étant venu à redescendre, il put réveiller ses compagnons et les mettre sur pied, mais le froid paralysait leurs forces ; la nuit était sombre car il était deux heures du matin et pour les diriger dans cette obscurité, ils n'avaient plus leur lampe à esprit-de-vin qu'ils avaient sacrifiée au salut commun.

L'aérostat continuait à descendre au milieu de nuages bleuâtres. Où étaient-ils ? Aucun d'eux ne le savait. Seulement, à mesure qu'ils descendaient, ils percevaient un bruit sourd, dans lequel ils reconnurent avec épouvante le bruit de la mer.

En effet, ils tombaient dans l'Adriatique !

Andreoli put allumer une lanterne et à cette faible lueur, ils aperçurent à quelques mètres au-dessous d'eux la surface des flots. La nacelle entrait déjà dans l'eau quand les aéronautes songèrent à jeter du lest ; ils se débarrassèrent de tous leurs sacs, de leurs instruments, de leurs vêtements même, mais si vivement et avec si peu de mesure que l'aérostat allégé d'un poids considérable se releva tout d'un coup et s'éleva à une prodigieuse hauteur. Le malheureux Zambeccari tomba encore une fois en défaillance. Grassetti perdit tout son sang par le nez et leurs corps furent subitement recouverts d'une couche de glace qui paralysa tous leurs mouvements.

Ce supplice dura une demi-heure et l'aérostat pour la seconde fois se remit à descendre dans l'Adriatique.

La nacelle s'enfonça dans l'eau. Heureusement le ballon encore gonflé les empêcha d'être entièrement submergés. L'aérostat flottant sur la mer formait une sorte de voile où s'engouffrait le vent et, pendant de longues heures, les malheureux naufragés se virent traînés et ballottés à la surface des flots.

Quand le jour vint, leur situation leur apparut encore plus terrible. En effet, ils ne voyaient autour d'eux que la mer sans fin. Aucun vaisseau ne passait à leur portée. Seules, quelques barques de pêcheurs s'enfuyaient, effrayées de ce qu'elles prenaient sans doute pour un monstre marin.

Ils auraient infailliblement péri, sans un capitaine de vaisseau qui, plus humain et plus instruit, leur envoya une chaloupe. Les matelots jetèrent un câble et les trois aéronautes furent hissés sur le bâtiment. Le ballon qu'on essaya en vain de retenir disparut dans la nue, veuf de ses victimes.

Zambeccari donnait à peine quelques signes de vie, ses deux mains étaient mutilées. Andreoli et Grassetti avaient beaucoup moins souffert. Le capitaine leur prodigua tous ses soins et les déposa dans le port le plus proche.

Les blessures que Zambeccari avait reçues à la

main étaient si graves qu'on dut lui faire l'amputa-
tion des doigts. Cette mutilation n'empêcha pas l'héroïque aéronaute de reprendre ses expériences dont
les redoutables dangers qu'il avait courus n'avaient
pu le dégoûter.

A peine remis, Zambeccari recommença ses ascensions audacieuses et comme il était très pauvre, il
accepta de l'argent du roi de Prusse. Le 21 septembre 1812, il fit à Bologne une nouvelle expérience. Cette fois, elle eut une issue fatale.

Le ballon s'accrocha à un arbre. La lampe mit le
feu à la machine et l'aéronaute qui avait échappé au
feu, à l'eau, au froid, fut précipité à moitié brûlé,
payant de sa vie et son imprudence et son entête-
ment, n'ayant même pas pour excuse d'avoir fait
faire un pas de plus à la science des aérostats.

Cependant on ne peut lui refuser une grande dose
de courage. Son héroïsme en a fait un martyr que
nous respectons sans l'admirer.

Un de ces martyrs qui aurait le plus nos sympathies, si nous ne croyions pas le récit de son dévouement et de sa mort légèrement apocryphes, serait :

HARRIS.

Ancien officier de l'armée anglaise, il s'était adonné
à la profession d'aéronaute dans un âge relativement
avancé. Il avait fait en public plusieurs ascensions et

se croyant, grâce à son esprit ingénieux, plus savant que Green dont il était l'élève, il résolut de se construire un ballon auquel il ajouta de prétendues améliorations destinées à abréger le temps que dure le dégoufflement.

Voici quelles étaient ces améliorations : La soupape ordinaire était placée au centre d'une soupape immense ; à laquelle on ne devait toucher qu'à terre pour permettre au gaz de s'évaporer instantanément. La corde de la grande soupape était attachée au cercle afin qu'on put la distinguer de la petite. Idée excellente qui ne demandait qu'une bonne exécution, et c'est précisément une légère erreur dans l'exécution, qui, comme on va le voir, a infligé à Harris la plus cruelle des morts.

Le 8 mai 1824, il partait du Wauxhall de Londres en compagnie d'une jeune femme qu'il aimait passionnément. Arrivé au plus haut de sa course, il voulut redescendre et tira la corde qui aboutissait à la petite soupape afin d'opérer sa descente d'une manière graduelle.

Mais il ne s'aperçut pas qu'il roidissait en même temps le cordage de la grande soupape. Les immenses clapets jouèrent d'eux-mêmes sans qu'il pût se douter de la cause qui précipitait la descente de son ballon.

Harris tenta d'enrayer cette descente vertigineuse.

Harris se précipite dans l'espace.

Il jeta tous les sacs de lest et ce qui était susceptible d'alléger l'aérostat, mais rien ne pouvait arrêter cette chute qui allait bientôt les briser tous deux. Si le ballon n'eût porté qu'un voyageur, son salut eût été assuré. Cette idée inspira à l'aéronaute un acte inouï d'héroïsme, qu'il accomplit avec un rare sang-froid. Il embrassa sa compagne et se précipita dans l'espace.

La jeune femme s'évanouit en voyant son compagnon tourbillonner dans le vide. Le ballon remonta lentement et quelques heures après il touchait terre sans la moindre secousse. En ouvrant les yeux, la jeune voyageuse se rappela le terrible accident dont elle fut le témoin et dont elle était la cause. Le dévouement de son compagnon lui sauvait la vie. Le souvenir de sa mort lui enleva la raison ; elle devint folle.

D'après M. de Tourville, ce serait un pur roman.

— L'esprit chevaleresque d'Harris le rendait capable d'un dévouement si rare, dit cet auteur, mais les journaux anglais du temps ne rappellent rien de pareil. Il est probable qu'Harris, qui travaillait à l'appendice pour essayer la corde de soupape, aura été saisi par le courant gazeux dont il ne se méfiait pas assez. Étourdi ou asphyxié il s'est brisé contre terre, tandis que sa compagne plus légère et ayant l'élasticité que donne la vie, en aura été quitte pour des contusions insignifiantes.

Nous aimons mieux la première version. Les dévouements sont bien assez rares pour qu'on ne doute
pas de ceux que consacre l'histoire.

ARBAN.

Il naquit à Lyon en 1820. Jeune encore, il se fit
remarquer par une ascension aventureuse. Pendant la
nuit, il traversa la chaîne des Alpes dont les aéronautes les plus consommés s'écartent avec effroi, seul
dans un frêle panier d'osier, entraîné par un ouragan
qui le lance au milieu des pics les plus élevés.

Un nuage de neiges flottantes le précipite dans la
mer de glace et le brise contre le sommet du Mont-
Blanc, mais la tempête l'emporte toujours et l'audacieux voyageur jette comme un défi, au milieu des
neiges, une bouteille renfermant un écrit qui prouvera
aux siècles futurs qu'un aéronaute français a passé par
là!...

Il était parti de Marseille, il descendit près de
Turin en Italie. Ce voyage fantasmagorique eût été
digne d'être écrit par Hoffmann.

Quelques mois après il est à Trieste, d'où malgré
la tempête qui semble le poursuivre, il se décide à
partir.

Mais il ne s'est pas préoccupé de son gaz et quand
il veut quitter la terre, il s'aperçoit que sa nacelle ne

peut être enlevée. Il la détache et debout sur le cercle, il se lance dans l'espace, saluant la foule d'une main et de l'autre se tenant aux cordages.

Dès qu'il eut disparu dans les airs, les spectateurs épouvantés s'aperçurent trop tard que leur devoir eût été de ne pas laisser partir ce fou audacieux.

Comme il le dit lui-même, Arban ne voulait pas qu'un Français pût être traité de *capon* par des Italiens. Il faillit le payer de sa vie.

En effet son ballon devenu trop faible pour le porter dans l'air, jugea à propos de le remorquer dans les flots de l'Adriatique ; sa résolution indomptable et sa grande vigueur corporelle lui permirent de se soutenir toute une nuit, à moitié englouti par les vagues dont le froid lui roidissait les membres. Le naufragé sent qu'il va lâcher prise, ses yeux s'obscurcissent, sa raison l'abandonne, mais soudain il entend un bruit de rames et de voix, des marins l'ont aperçu. Arban a la force d'appeler au secours. Il est sauvé !...

Il devait mourir comme Pilâtre et Zambeccari, mais ces derniers ont une tombe et Arban n'en a pas. Nul ne sait ce qu'il est devenu. Un jour son ballon l'a emporté dans les nuages et n'a jamais reparu. Le firmament jaloux de son audace l'aurait-il gardé ?

SADLER.

Un héros de la Grande-Bretagne, qui n'a pas assez de l'empire de l'océan et veut encore l'empire de l'atmosphère.

Sadler n'a pas d'histoire. Ses ascensions ne sont qu'une suite d'accidents dus à son imprudence ou à sa trop grande audace. La dernière qu'il exécuta en 1824 et qui lui fut fatale est ainsi racontée par M. de Fonvielle.

L'intrépide aéronaute aimait à s'égarer dans les nuages. Jamais il ne regagnait la terre que lorsqu'il y était forcé soit par le manque d'air, soit par cette puissance brutale, la pesanteur, ou bien encore, par cette force aveugle, l'obscurité. A sa dernière ascension, lorsque sa nacelle toucha le sol, un vent furieux s'était levé, un ouragan épouvantablement rageur, un de ces raz de marée aériens qui règnent parfois dans les régions basses et qu'aucun symptôme ne révèle à distance s'était déchaîné. Poussé avec fureur contre un mur, le ballon bondit, la nacelle fait trou, elle passe. Malheureusement l'aéronaute est écrasé sous le poids des pierres qui croulent. Quand les habitants épouvantés accourent, ils le trouvent sanglant, inanimé. Tous les efforts sont inutiles. Ce vaillant fils de l'air n'est plus qu'un cadavre !

Soudain Arban entend un bruit de rames. Il est sauvé !...

Les catastrophes succèdent aux catastrophes. Nous ne compterons plus les accidents, nous n'en donnerons que les principales victimes.

Merle périt asphyxié sur la route de Troyes à Châlons. Comme cette dernière ville n'avait pas d'usine à gaz, cet aéronaute imitant le procédé décrit par le capitaine Coutelle, gonfle son ballon à Troyes et le fait transporter à Châlons.

Merle était dans la nacelle avec son aide, un petit bossu. Le vent arrache le ballon des mains de ceux qui le traînent; l'aérostat se relève, se dilate et laisse échapper le gaz qui foudroie l'aéronaute. Son aide vient à son secours, mais il ne trouve qu'un cadavre.

Le même accident arrive à Chambers, aéronaute anglais, seulement le courant gazeux l'envahit à une hauteur immense et l'infortuné, fou de douleur, oubliant d'ouvrir sa soupape de sûreté, s'étrangle avec son mouchoir pour ne pas être asphyxié.

Comarchi exécute une ascension à Constantinople en 1845. Nul n'a revu ni le ballon, ni l'aéronaute. Peut-être ont-ils été retrouver Arban dans les régions éthérées.

En 1851, Tardini tente une ascension à Copenhague. Il était accompagné de son fils, un enfant de onze ans et d'une artiste dramatique, avide d'émotions.

L'aérostat disparaît dans la direction de la Baltique. Au ballon était attachée une barque destinée en cas de danger à être lancée à la mer, Tardini coupe les cordages qui retiennent la nacelle et va essayer de la mettre à flot, mais la femme et l'enfant oublient de s e tenir,la n acelle se vide et le ballon s'élance dans l'immensité emportant Tardini cramponné aux cordages. Les deux victimes furent sauvées, mais Tardini n'a pu être retrouvé.

Emma Verdier s'offre à nous sous un voile mystérieux qu'aucun chroniqueur n'a osé soulever. Innocente victime, mise par une main coupable dans un ballon perdu, la pauvre fille vêtue de blanc et parée comme pour un mariage, retomba dans une forêt voisine de Mont-de-Marsan, où des paysans la trouvèrent morte.

Voilà la chronique, voici la légende :

Cette jeune fille allait se marier. Le matin, sa mère l'avait parée de son costume virginal. On n'attendait plus que le fiancé et le fiancé n'arrivait pas. La veille il avait eu un grave entretien avec sa femme future et les voisins s'étaient aperçus qu'il avait quitté le village, l'air sombre et désespéré.

Le lendemain, on ne le vit pas paraître, le surlendemain non plus. Les jours se passèrent sans nouvelles du fiancé.

Emma seule ne paraissait pas inquiète, mais elle attendait avec une certaine impatience fébrile. Le dixième jour, elle se pare de nouveau de ses habits

Descente périlleuse de M. Gypson à Londres.

de fiancée et sort de la maison maternelle en disant à sa mère qu'elle va à la rencontre de son fiancé. On la croit folle et on la laisse faire.

La jeune fille, dès qu'elle a quitté le village et qu'elle se sent hors de portée des regards, prend sa course et arrive haletante jusqu'à la ville voisine.

Un mariage s'y célébrait en grande pompe, c'était celui de son fiancé. Parjure à sa parole pour des raisons qui nous importent peu, il avait choisi le jour de la fête du pays pour que son mariage eût plus d'éclat.

Emma suit le cortège nuptial. On la regarde en chuchotant. Elle sourit, mais ne répond rien aux questions indiscrètes dont on l'accable. Cependant arrivée sur la place où l'on danse, où les barraques pimpantes étalent leurs jeux forains, où un aéronaute de passage attend que son ballon rapiécé, étique, poussif, se gonfle avec la fumée de bottes de paille entassées dans une cuve, Emma sent qu'elle n'a plus de forces. Elle voudrait pourtant bien que son fiancé la vit ; mais celui-ci ne voit que sa femme, n'écoute que les compliments, ne sourit qu'à ses amis qui chantent autour de lui.

La pauvre enfant reste là, accrochée à la corde qui entoure la place où se gonfle péniblement l'aérostat. Elle regarde le ballon et semble se dire :

— Il va aller là haut, bien haut, dans le ciel ! Si je pouvais y aller aussi.

La nacelle est tout près de là ; c'est une vieille manne d'osier, disloquée, avec un vieux manteau et des sacs de sable qui l'encombrent. C'est là, se dit-elle, et au moment où on ne peut la voir elle entre dans la nacelle et s'y blottit sous le manteau.

Une grande heure se passe. On entend des cris, le son du tambour, le crin-crin des violons, les coups de fusil, les cloches de l'église. c'est le cortège du marié qui revient.

Par galanterie pour la mariée, l'aéronaute a retardé son départ. Du reste, il n'ira pas loin puisqu'il a promis d'être de retour pour le dîner. Il se hâte de donner le signal.

Pendant que le Montgolfier au petit pied, — bien petit ! — fait ses derniers préparatifs, on accroche la nacelle, puis on ne laisse qu'une seule corde pour retenir l'aérostat peu impatient d'affronter les airs ; mais soudain un cri de terreur est poussé par celui qui tient la corde et la lâche en se sauvant. Le ballon tourne sur lui-même se penche et se relève d'un bond enlevant la nacelle.

L'aéronaute effrayé se précipite et saisit la corde. Oh ! il connaît son ballon ! Il ne s'en ira pas sans lui, mais il compte sans la jeune fille qui, debout dans la nacelle, lui lance à la tête tous les sacs de lest, le manteau, les provisions... L'aéronaute lâche à son tour la corde et le ballon léger comme une plume s'envole dans l'air, sous les regards terrifiés de la noce.

Le marié a reconnu sa fiancée. Emma s'en est aperçue, c'est tout ce qu'elle voulait, et souriante, elle monte au ciel.

Hélas ! nous avons vu où on l'a trouvée. Toutes les suppositions d'enlèvement ou de crime tombent devant cette simple légende qui a un parfum de vérité auquel on ne peut se tromper.

François Olivari a le sort de Pilâtre de Rozier.

Bien que la montgolfière proprement dite présentât de sérieux dangers, bon nombre d'aéronautes s'obstinaient encore à s'en servir, dédaignant l'emploi des ballons à hydrogène dont la direction semble plus difficile et les frais de gonflement plus considérables. Olivari était de ceux-là. Il avait effectué plusieurs voyages avec un plein succès, mais cependant, la construction de son frêle esquif inspirait à ses amis de sérieuses inquiétudes.

Le 25 novembre 1802, il fait une nouvelle ascension. Le temps est superbe, mais le vent est un peu violent. Tout à coup, un charbon tombé du réchaud enflamme la provision de combustible que l'aéronaute a déposée dans la nacelle. L'incendie fait de rapides progrès, gagne les parois d'osier puis le corps de la montgolfière qui est en papier.

Le malheureux Olivari est précipité dans l'espace.

Son corps fut retrouvé à peu de distance d'Orléans, affreusement mutilé et carbonisé à moitié.

Et cependant la montgolfière devait avoir encore ses admirateurs et ses jours de funèbres succès !...

Dans notre liste, nous trouvons aussi un Français, un jeune homme nommé Ledet dont la mort mérite une mention spéciale.

Il faisait une ascension au mois d'août 1847 à Saint-Pétersbourg. Se trouvant au-dessus du lac Ladoga, immense annexe de la mer Baltique, il essaie d'effectuer sa descente avec un parachute. Malheureusement le parachute refuse de s'ouvrir. Le ballon est repêché par les mariniers qui le virent tomber avec rapidité, mais ne purent découvrir ni l'appareil ni les restes de l'infortuné Français.

La jeune sœur de Ledet qui assistait à l'accident fut en proie à une émotion si vive, qu'elle en mourut le lendemain. Le père, qui était établi à Saint-Pétersbourg, ne put survivre à ses deux enfants. De toute cette famille, il ne restait un mois après que la vieille mère de Ledet qui se retira à Mâcon, sa ville natale, où elle ne vécut pas longtemps, écrasée par une douleur que ne pouvaient apaiser le respect et les sympathies de ses compatriotes.

Nous ne laisserons pas passer cette année 1847, sans raconter une des ascensions les plus périlleuses dont l'histoire des aérostats ait connaissance, celle de M. Gypson, à Londres.

C'était une ascension de nuit. Le ballon emportait quatre personnes. Sous la nacelle, on avait suspendu des pièces d'artifice auxquelles on devait mettre le feu, arrivés à une certaine hauteur.

Le temps était sombre, la chaleur accablante, de nombreux éclairs sillonnaient la nue. Tout présageait un orage.

Les voyageurs n'étaient pas rassurés, mais ils n'hésitèrent pas à suivre M. Gypson, quand ils virent ce dernier bien résolu à partir.

Les cordes sont coupées, l'orchestre joue l'air de « Of the goes » et au milieu des illuminations et des cris de la foule qui encombre le jardin du Vauxhall, le ballon s'enlève comme une flèche, en ligne droite d'abord, puis en décrivant des ronds à mesure qu'il monte. Les feux d'artifice sont allumés, et leurs couleurs variées s'entrecroisent au-dessous de la nacelle marquant le sillon de l'aérostat avec des étincelles et des gerbes de flammes.

D'en bas, le spectacle est superbe ; d'en haut, il est sublime. Londres est sous les pieds des voyageurs, à 4,000 pieds. On ne voit ni monuments, ni maisons, on ne distingue qu'une mer d'un bleu sombre dans laquelle les lumières du gaz scintillent comme des étoiles. Tout autour, les nuages chargés d'électricité passent et se choquent. Plus haut encore, la voûte azurée laisse tomber une pluie de lumières, comme si elle était un reflet de Londres. Mais là, ce sont des étoiles véritables. C'est l'infini, l'inconnu, et on y monte avec une vitesse qu'il va falloir maîtriser.

En effet, l'air est devenu plus rare, et cette raréfaction fait gonfler et durcir le ballon. Coxwell, placé sur le cercle, laisse échapper un peu de gaz par la soupape supérieure.

Tout à coup, M. Gypson pousse un cri de terreur :

— Grand Dieu ! qu'est-il arrivé ? s'écrie-t-il.

Les voyageurs occupés à admirer le panorama de Londres, des airs et du firmament, n'ont rien vu de ce qui se passait dans l'aérostat. Seulement, ils ont entendu un grand bruit semblable à celui que fait la vapeur en s'échappant d'une locomotive, et en levant la tête à ce bruit, ils virent la partie inférieure du ballon se contractant, remonter dans la partie supérieure.

C'est à ce moment que M. Gypson a poussé un cri de terreur auquel M. Coxwell répond sans émotion :

— La soupape s'est dérangée. Nous sommes perdus.

Au même instant, le ballon commence à descendre, précipitant de plus en plus sa chute, avec un bruit horrible produit par le frottement des bandes de soie qui, n'étant plus comprimées, s'agitent dans tous les sens.

La nacelle est bientôt vidée de tout ce qu'elle renferme, sacs de lest, provisions, couvertures ; mais la vitesse ne diminue pas. Pour comble de malheur, le ballon a vite rejoint les pièces d'artifice qui flottaient dans l'air et n'étaient pas complètement éteintes. Des pétards qui brûlaient encore, s'attachent aux cordes du ballon et le choc en fait jaillir des étincelles.

Les nuages n'attendaient sans doute que ce moment-là pour se mêler de l'affaire et compliquer l'horreur de cette situation déjà si horrible. Le vent souffle de toutes parts, les éclairs se croisent, et le ballon, au lieu de descendre perpendiculairement, commença à éprouver de fortes oscillations.

Un rédacteur du journal l'*Illustrated London*, était dans la nacelle. C'est à lui que nous devons le récit de ce qui s'est passé à ce moment-là, les autres voyageurs étant trop affolés, et M. Gypson trop occupé pour s'en rappeler les détails. Mais un journaliste, surtout un journaliste anglais, a le droit de ne s'émouvoir de rien. Son directeur l'a envoyé pour tout voir et tout raconter. Il verra tout d'abord, et si Dieu le permet, il en fera le récit.

Nous ne le déflorerons pas. Le voici tout entier pris au moment critique où le ballon descend en oscillant avec une rapidité qui augmente à mesure qu'il s'approche de terre.

— Nous étions alors, si mes calculs ne me trompent pas, à un mille environ au-dessus de Londres.

« Quelles étaient vos sensations ? » m'ont demandé tous mes amis le lendemain. Le lecteur partagera peut-être leur curiosité.

D'abord quand la soupape laissa s'échapper le gaz, je conservai une tranquillité et un sang-froid qui m'étonnent maintenant, seulement toutes mes impressions devinrent beaucoup plus vives. Je vois toujours toutes les lumières de Londres comme si je les regardais : mais il me semble que je ne cesserai jamais de les voir. Je me rappelle seulement avoir cherché des yeux le feu d'artifice du Vauxhall et la Tamise en me disant à moi-même que la seule chance de salut qui nous restât, était de tomber à l'eau.

La vitesse est effrayante. Les parallélogrammes de lumières formés par les places devinrent de plus en plus larges et les oscillations du ballon s'apaisèrent quoique la nacelle fût fortement agitée. Enfin nous aperçûmes les maisons dont les toits semblaient venir à notre rencontre et quand nous en fûmes tout près, nous nous écriâmes tous quatre : « Tenez-vous ferme ! » Heureusement, la nacelle n'en toucha aucun en passant et continua à descendre. Dès qu'elle approcha de la terre, je saisis fortement le cercle supérieur en m'élançant en l'air pour amortir le premier choc qui, ai-je besoin de le dire, fut d'une violence extrême.

Nous avions tous été jetés à terre hors de la nacelle. Le ballon dont une partie restait accrochée à un échafaudage, était entièrement vide. Évidemment nous devions notre salut à la solidité du filet qui en recouvrait la partie supérieure. La soie vide avait fait parachute.

Par une espèce de miracle, aucun de nous n'avait une blessure grave, nous en étions tous quittes pour quelques écorchures et meurtrissures. A peine eûmes-nous touché la terre que nous nous vîmes entourés d'une foule immense, accourue de toutes parts pour nous secourir et qui nous témoignait par son empressement, par ses soins et par ses cris, la joie qu'elle éprouvait de n'avoir aucun accident à déplorer. La nouvelle s'était déjà répandue que nous étions tous quatre brisés en morceaux !...

Cette catastrophe est à peu près la même que celle qui a coûté la vie à tant d'aéronautes. Sa place était donc marquée ici.

Que de noms se pressent encore sous notre plume ! Gales, Mosment, Bitorf, Émile Deschamps, mais bien qu'incomplète, cette liste est assez longue et nous terminerons par ces paroles de Figuier :

« Il ne faut pas que le récit de ces événements regrettables fasse porter un jugement exagéré sur les dangers de l'aérostation. L'inexpérience, l'imprudence des aéronautes furent les principales causes de ces malheurs, qui ont été amenés surtout par l'usage des montgolfières dont l'emploi, dans les voyages aériens, offre tant de difficultés et de périls. Mais si l'on réfléchit au nombre immense d'ascensions qui se sont effectuées depuis soixante ans, on n'aura pas de peine à admettre que la navigation de l'air n'offre guère plus de danger que la navigation maritime. »

Du reste, les accidents dus à l'aérostation ont quelquefois une note gaie ; les deux anecdotes suivantes en feront foi :

La première pourrait être intitulée : un héros malgré lui.

Un aéronaute exécutait une ascension à Nantes, au milieu d'une foule considérable. Le ballon était gonflé, prêt à partir, quand une des cordes qui le tenait fixe à son mât vint à se rompre. Le ballon devenu libre monta dans l'air entraînant après lui la nacelle que l'on n'avait eu le temps d'attacher que par un seul bout.

La nacelle se terminait par une ancre de fer et l'aérostat poussé par le vent à une trentaine de mètres de hauteur passe sur la place qu'il balaye avec la nacelle. L'ancre s'accrochant à tout ce qui était à sa portée retardait l'ascension du ballon, qui, suivant les caprices de ce guide nouveau s'en allait cahin caha à travers les rues de la ville.

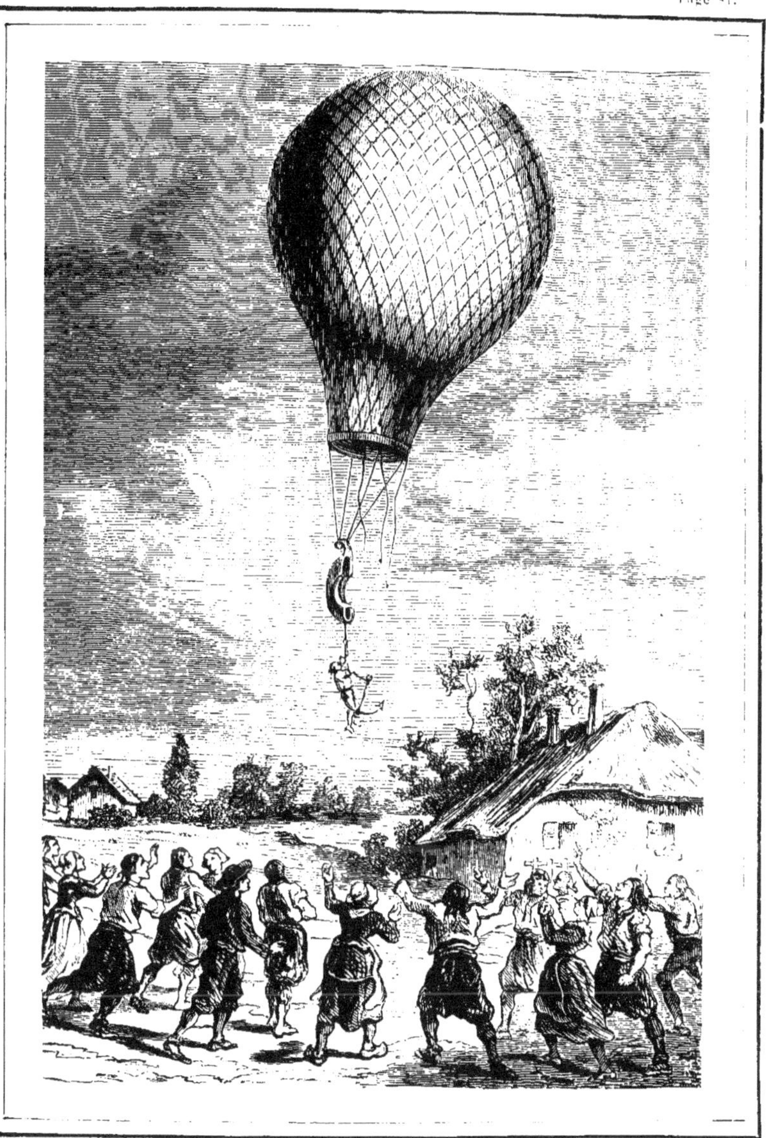

La foule surprise regardait cet aéronaute malgré lui.

A ce moment un garçon de douze ans, nommé Guérin, apprenti charron, était tranquillement assis au bord d'une fenêtre. L'ancre du ballon accroche en passant le bas du pantalon de l'enfant, le déchire jusqu'à la hanche et le saisissant par la ceinture fait enfin perdre terre au petit Guérin qu'elle entraîne dans les airs.

La foule surprise regardait ce nouvel aéronaute et ne comprenant pas ce qui s'était passé, cherchait non sans peine à s'en rendre compte. Les cris des camarades et de la famille de l'enfant informèrent bientôt toute la ville de l'accident et chacun ne quitta plus des yeux le ballon qu'on distinguait comme un point noir dans le bleu du firmament.

Guérin poussait des cris de désespoir, mais réfléchissant que nul ne pouvait l'entendre ni lui porter secours, il se résigna à son sort en tâchant de le rendre le moins pénible qu'il le pourrait. Craignant avec juste raison que la ceinture du pantalon ne vînt à craquer, il se cramponna fortement à la corde.

C'est dans cette situation terrible qu'il fut promené pendant un quart d'heure à travers l'espace. Le ballon se dégonflait peu à peu et l'espoir d'une délivrance prochaine lui donna du courage.

Seulement la corde se tordait et imprimait à l'enfant des oscillations rapides, qui lui donnaient le mal de mer et lui enlevaient ses forces. Il ferma les yeux pour ne plus voir, autour de lui le ciel exécuter une danse vertigineuse. Et ce fut les yeux fermés qu'il se sentit saisi par le milieu du corps.

La sensation fut si forte qu'il poussa des cris perçants. Ne sachant ce que c'était, n'osant pas ouvrir les yeux, il ne pouvait croire que ceux qui lui parlaient étaient des habitants de la terre. Il se croyait arrivé dans la lune.

Il était tout simplement tombé à quelque distance de Nantes entre les bras de bons paysans qui étaient aussi contents que lui de le voir sauvé !....

La deuxième anecdote est plus connue, car on l'a exploitée dans beaucoup de chroniques.

Green, le fameux aéronaute anglais, a vu la mort d'aussi près que le jeune Guérin, d'une façon aussi involontaire, mais dans des circonstances bien différentes.

Il avait l'habitude d'amener avec lui tout amateur qui voulait payer sa place. Il partit un jour du Wauxhall, en compagnie d'un gentleman.

Cet amateur assis commodément dans la nacelle semblait prendre un plaisir extrême à cette ascension aérienne. Tout à coup le gentleman tire un couteau de sa poche et tranquillement se met en devoir de couper les cordes qui soutiennent la nacelle.

Green s'était embarqué avec un fou !...

Il lui saisit la main, s'empara du couteau et le jeta

par dessus bord, mais notre homme changeant d'idée
enjambe la nacelle et s'apprête à se précipiter dans
le vide.

Green est perdu, s'il le laisse faire, car le ballon
subitement délesté va être entraîné vers les hautes régions de l'air; sa présence d'esprit le tire de
ce péril; sans se déconcerter, il dit a son terrible
compagnon :

— Attendez, nous ferons le voyage ensemble.

— Attendre? pourquoi attendre?

— Par ce que nous ne sommes pas assez haut. Ce
sera bien plus grandiose. Laissez-moi faire je vais
accélérer notre ascension.

Aussitôt Green tire la corde de la soupape. Au lieu
de monter, l'aérostat qui se vide descend à grande
vitesse. Ils arrivent à terre et le gentleman sans dire
un mot sort gravement de la nacelle et disparaît aux
yeux de Green ébahi !....

CHAPITRE IV

Les fils d'Icare

L'homme volant appartient plutôt à la fable qu'à l'histoire. Chassé du domaine de la science qui lui a refusé ses lettres de naturalisation, il s'est réfugié dans la mythologie qui en a fait son profit et ses délices.

Il y a déjà près de vingt siècles qu'Ovide a écrit cette jolie fable de Dédale et d'Icare que nous allons citer en entier pour servir de prologue à notre chapitre destiné aux hommes volants :

« Dédale était prisonnier en Crète, et haïssant cette île comme un lieu de bannissement, il avait un désir extrême de retourner en son pays ; mais la mer était l'obstacle qui l'empêchait de prendre la fuite.

« Enfin, dit-il en lui-même, si la mer et la terre nous sont fermées, il nous reste l'air et c'est par là que nous passerons !... Minos, maître absolu de toutes choses, n'est pas maître de l'air !

« Et il chercha des inventions qu'on n'avait point encore trouvées et fit voir à la nature des nouveautés qu'elle n'avait point encore vues. Il arrangea quantité de plumes, qui commençaient par les plus petites et qui allaient en augmentant et les joignit avec tant d'adresse que vous vous fussiez imaginé qu'elles avaient crû comme on les voyait. Ainsi l'on joignait au temps passé des tuyaux de diverses grandeurs et l'on en faisait un jeu de flûte. Au reste, pour les faire tenir ensemble, il attacha celles du milieu avec du fil et celles d'en bas avec de la cire, et les courba de telle sorte qu'on les eût prises pour de véritables ailes d'oiseau. »

Comme on le voit, le poète est aussi technique qu'un savant. Ovide poursuit son récit en laissant cette fois déborder à pleins bords la coupe de son lyrisme :

« Icare, son fils, fut aussi employé dans cette entreprise, et ne sachant pas qu'il travaillait à son malheur, tantôt il ramassait les plumes que le vent avait emportées, tantôt il amollissait de la cire, et quelquefois l'impatience lui faisant essayer les ailes, il rompait quelque chose de l'ouvrage de son père. Enfin, lorsque Dédale y eut mis la dernière main, il balança son corps en l'air sur les deux ailes qu'il s'était faites, et quand il eut éprouvé qu'elles pouvaient le porter il donna ces instructions à son fils :

« Icare, lui dit-il, prends garde de tenir toujours le milieu de l'air. Si tu t'abaisses trop bas, les vapeurs qui sortent de l'eau appesantiront tes ailes et si tu montes trop haut, la chaleur en fera fondre la cire. Vole donc entre l'un et l'autre, mais prends garde aussi de ne pas aller du côté du soleil. Souffre que je te serve de guide et suis le chemin que je prendrai.

« En même temps, il lui attacha des ailes aux épaules et lui montra la façon dont il s'en devait servir. Mais il ne put s'empêcher de pleurer ni de trembler en le faisant, et avant de partir, il embrassa ce malheureux pour ne plus l'embrasser jamais.

« Ainsi Dédale s'éleva le premier en l'air, et se tournant vers son fils, il commença à craindre pour lui, comme les oiseaux pour leurs petits, la première fois qu'ils les font voler et qu'ils les emmènent avec eux.

« Néanmoins, il l'encourage de le suivre, et en même temps qu'il vole, il regarde voler Icare, et lui remet toujours en mémoire ce qu'il doit faire pour se conserver dans un chemin si dangereux.

« Il y eut des pêcheurs, des laboureurs et des bergers qui les aperçurent en l'air, et quiconque les découvrit, s'étonna de ce prodige et s'imagina que c'étaient des dieux.

« Ils avaient déjà dépassé les îles de Delos et de

Samos, quand le petit Icare, plus hardi qu'auparavant, prit aussi plus de liberté et commença à quitter son guide. La curiosité de voir le ciel de plus près le fit élever plus haut, mais le voisinage du soleil ayant fait fondre la cire qui tenait les plumes de ses ailes, il s'aperçut bientôt que l'air ne le pouvait plus soutenir, il bat vainement ses bras comme auparavant il battait des ailes, et en appelant son père à son secours il tomba dans cette mer à qui sa chute a donné son nom. »

OVIDE (*Métamorphoses*. Livre VIII. Fable 3.)

La mythologie abonde en fables de ce genre écrites sur le vide et nous montre l'homme impuissant à réussir dans ses vaines et stériles tentatives. De tout temps, dans l'empire des Romains, comme dans la république des Grecs, les poètes et les savants ont suppléé par l'effort de leur esprit à la faiblesse matérielle de l'homme, et ont demandé à leur imagination ou à leurs rêves la route de ces mondes inconnus qui les attiraient et les repoussaient à la fois.

Diodore de Sicile nous montre Abaris qui fait le tour du monde, — du monde de ce temps-là ! — sur une flèche d'or que lui a léguée Apollon.

La religion païenne donne à ses dieux les ailes que la religion juive avait données et que le christianisme devait laisser aux anges du paradis et aux messagers de Satan. Les héros d'Homère descendent du ciel et les déesses y remontent sur des chars volants. Pégase, ce cheval aérien, né d'une goutte de sang de la côte de Méduse, dont la poésie classique a fait son emblème, avait des ailes aussi et se brise les membres en voulant escalader l'Olympe.

Des ailes ! Des ailes ! s'écrie le vieux monde, et le nouveau lui répond par le même cri. Le grand problème, tant de fois séculaire et en apparence insoluble, n'a pas lassé les générations humaines qui cherchent encore aujourd'hui sa solution !... Peut-être attendent-elles d'avoir retrouvé, pour voler dans ces domaines de l'air réservés aux dieux, aux immortels et aux anges, le char que Milton, dans son *Paradis perdu*, donne à Uriel :

« Un rayon de soleil qui lui offre un plan incliné, le matin vers la terre et le soir au soleil couchant de la terre au ciel. »

Les mésaventures du fils de Dédale n'ont pas empêché un certain nombre de fous de voler sur ses traces. Disons entre parenthèse que c'est une injustice de l'histoire comme de la fable d'avoir sacré le nom d'Icare. En effet, c'est Dédale qui réussit dans son invention. Son nom est effacé. Icare meurt et la postérité lègue son nom à l'invention. On ne connaît plus que les fils d'Icare. Laissons-leur donc ce nom. Il est bien mérité si l'on en juge par le peu de succès qu'ont eu ceux qui le portent et le sort qui leur est généralement réservé.

Voici d'abord, Simon le magicien qu'enveloppe un mystère auquel la science ne donne que l'importance qu'il vaut.

L'aventure remonte aux premiers temps de la religion chrétienne. Simon vivait à Rome, vers l'an 66 de notre ère, sous le règne de Néron. La science en a fait un mécanicien, la légende, un magicien, et le bon sens ne peut en faire qu'un fou, comme l'ont prouvé sa vie et surtout sa mort.

D'abord converti au christianisme il renia sa foi et une lutte sourde , duel impitoyable que les annalistes religieux appellent le combat apostolique, commença entre saint Pierre et Simon le magicien. Tous deux firent des merveilles. Saint Pierre seul fit des miracles.

Un jour, Simon, que les Samaritains, voyant en lui un être d'essence supérieure, avaient surnommé la grande vertu de Dieu, reçut la visite du futur apôtre de Rome.

Le thaumaturge un peu misanthrope et aussi méfiant que les sorciers de notre époque, habitait une petite maison isolée en dehors de la ville, sous la protection d'un dogue dont les crocs suffisaient à le défendre de toute surprise et le débarrasser des visites importunes.

Saint Pierre arrive à la porte et ordonne au terrible cerbère qui n'avait certes pas besoin de l'inscription « cave canem » flamboyant au-dessus de sa niche, d'aller annoncer à son maître la venue d'un serviteur de Dieu.

— Mais, ajoute le saint en touchant légèrement du doigt le museau du molosse, préviens-le en langage humain. Je te donne la parole.

Le féroce animal soudainement adouci s'acquitta de son étrange message. Simon étonné mais non décontenancé fit répondre par son chien qu'il était prêt à recevoir, ordonnant à l'animal de garder la parole pour transmettre le message.

Le résultat de cette entrevue n'eut d'autre résultat que de cimenter la haine du magicien, qui voulut rétablir par une manifestation éclatante le prestige compromis de sa puissance surnaturelle. Il songea dès lors sérieusement à prouver sa divinité à Néron, en promettant de s'élever au ciel à la vue de tout le monde.

Tout le peuple, s'assembla pour être témoin de ce fait extraordinaire et Simon s'éleva ou plutôt, dit l'abbé Sicard, fut enlevé par les démons. Sans rire de cette allégation mystique, disons que les démons n'étaient pour rien dans l'affaire.

L'empereur et le peuple regardaient avec stupéfaction cet homme qui par la seule force de sa volonté s'élançait dans le vide et s'y maintenait sans appareil visible. Mais soudain on vit le magicien tournoyer sur lui-même et retomber lourdement à terre où il se brisa les deux jambes.

Saint Pierre, paraît-il, s'était mis en prières pour faire cesser l'action des esprits malins et Dieu écoutant la prière de son saint avait puni le renégat.

Mais la science est incrédule. Elle explique sans miracle le fait historique de cette première tentative de vol aérien. Simon avait fabriqué des ailes factices qui appliquées à son corps lui donnaient la faculté de voler. L'appareil étant sans doute mal conçu, se détraqua en l'air, et le maladroit mécanicien alla mesurer la terre.

Il ne mourut pas sur le coup. Une autre fois, ayant eu l'imprudence d'affirmer devant Néron, que s'il lui faisait trancher la tête, il ressusciterait au bout de trois jours, l'empereur qui ne refusait guère de livrer un homme au bourreau, força le magicien à tenter l'expérience. Cette fois encore l'épreuve lui fut défavorable, et moins heureux que Lazare, il ne ressuscita point, n'ayant pas là le Christ pour opérer le miracle.

Mais Simon, le mécanicien, n'en reste pas moins le premier, après Dédale, qui ait affronté le vide et disputé aux oiseaux le domaine de l'air.

Hélas! combien d'autres fous aussi ont suivi sa trace !

A Constantinople, sous le règne de l'empereur Comnène, un fou, disent les uns, un magicien, — encore ! — disent les autres, tenta de s'élever dans l'air. Ce fou ou ce magicien était un Sarrazin qui, lui aussi, avait trouvé ou cru trouver la solution du problème. Seulement au lieu d'ailes il se servait de voiles. Voici de quelle manière : Il portait une robe très longue et très large, dont les pans retroussés avec de l'osier lui devait servir de voile pour recevoir le vent.

Ce fut dans ce costume qu'il monta sur la tour de l'hippodrome. Toute la ville avait les yeux fixés sur lui et on criait :

— Vole, vole, Sarrazin, et ne nous tiens pas si longtemps en suspens, tandis que tu pèses le vent.

Mais le Sarrazin, malgré les cris du peuple, et l'impatience de la cour qui donnait ce spectacle au sultan des Turcs, ne se hâtait point de se lancer dans l'espace. Il attendait que le vent lui fût propice, et de temps en temps étendait la main pour sentir d'où venait le courant. Enfin quand il le crut favorable, il s'éleva comme un oiseau, mais ses voiles artificielles n'eurent pas la force de le soutenir, il se brisa les os en essayant de se porter, et tomba à moitié désarticulé. Personne ne le plaignit, et le peuple insulta son cadavre. Triste retour des choses d'ici-bas ! S'il eût réussi, on l'eût adoré comme un Dieu !...

Du reste la liste des malheureux fils d'Icare est chargée de noms de victimes presque toutes sympathiques.

Onze siècles après Simon le magicien, un bénédictin anglais, moitié moine, moitié sorcier, Ollivier de Malmesbury, appelé aussi Eloerus de Malomaria, tenta une expérience qui ne réussit pas. A ses mains et à ses pieds, étaient attachées des ailes fabriquées sur le modèle de celles de Dédale, — d'après Ovide ! — L'expérimentateur se jeta du haut d'une tour en prenant le vent. Il parcourut cent mètres environ avec le concours de ses ailes, puis soudain tomba brusquement à terre où il se brisa les jambes.

Et le malheureux, infirme, pauvre, délaissé, n'avait qu'un regret, c'était de ne pouvoir recommencer.

— Cette fois, s'écriait-il, je m'attacherais une queue aux pieds et je réussirais !...

Vers la fin du quatorzième siècle, nous trouvons à Pérouse un illustre mathématicien, Jean-Baptiste Dante, qui, au moyen d'ailes artificielles appliquées à son corps, réussit à s'élever dans les airs, plusieurs fois avec succès, notamment au-dessus du lac de Trasimène.

Malgré cette affirmation de l'abbé Monger, l'histoire n'a enregistré qu'une de ces tentatives, celle qui eut un dénouement fatal.

Le jour du mariage de Barthélemy d'Alviane, Dante

voulut donner à sa ville natale le spectacle d'une ascension. Il s'éleva très haut dans l'air et vola par-
dessus la place, mais le fer avec lequel il dirigeait
une de ses ailes s'étant brisé, il tomba sur le toit de
la cathédrale où il se cassa la jambe.

La science toujours avide d'innovations aurait pu,
si l'invention de Dante l'eût mérité, s'en emparer, la
perfectionner et la livrer à l'expérience. Elle ne l'a
pas fait, jugeant sans doute que l'invention n'en était
pas digne.

D'ailleurs toutes les traditions relatives aux hommes
volants se composent de données tellement incertaines
qu'elles semblent tenir plutôt de la légende que
de l'histoire. Les suivantes en sont de frappants
exemples :

Dans une expérience publique, faite à Lisbonne en
1786, en présence du roi Jean V, un certain Gus-
man, physicien portugais, s'éleva dans un panier d'o-
sier recouvert de papier. Un brasier était allumé sous
la machine mais arrivée à la hauteur des toits elle se
heurta contre la corniche du palais royal se brisa et
tomba. Toutefois la chute eut lieu doucement et Gus-
man s'en tira sain et sauf. Les spectateurs enthousiasmés lui donnèrent le titre d'homme volant (*orua-
dor*). Encouragé par ce demi-succès, il s'apprêtait
à recommencer l'épreuve quand l'Inquisition le fit
arrêter comme sorcier. Le malheureux fut jeté dans

un *impace* d'où il ne sortit que pour monter sur le bûcher.

Un sorcier aussi, ce Baldud de la légende bretonne qui vola dans l'air au-dessus d'une ville nommée Trinovante et dont il était le seigneur, mais il retomba sur le temple d'Apollon et se tua. Il était le père du roi Lear, le héros de la tragédie de Shakspeare.

Le nom du poète anglais semble évoquer ici les sorcières de Macbeth voyageant dans les airs, à cheval sur leurs balais!...

En poursuivant notre route à travers les traditions dont l'exactitude n'a pu être matériellement constatée, nous trouvons des expériences qui montrent le progrès que l'idée du vol aérien faisait peu à peu dans l'esprit des innovateurs.

Sous Louis XIV, un acrobate du nom d'Allard s'élança du haut de la terrasse Saint-Germain, traversa la Seine et tomba dans le bois du Vésinet sans se faire aucun mal. Mais un auteur du temps répond que ce fait est complètement faux et n'a été reproduit que pour plaire aux adeptes du vol mécanique. Il ajoute :

« On ne possède aucune description de ses ailes, mais tout porte à croire qu'il s'agissait bien moins de voler, de voyager dans l'air par le moyen d'un agent mécanique, que d'une simple expérience sur la résistance de l'air, d'une sorte de pales ou de plans inclinés à l'aide desquels l'opérateur comptait s'abaisser sans danger du haut de la terrasse et traverser la rivière. En présence de la Cour et de Louis XIV, Allard s'élança de la terrasse mais il tomba presque aussitôt et se blessa dangereusement. »

Nous ne parlerons que pour mémoire du comte de Sacqueville, qui tenta une expérience analogue et ne fut pas plus heureux. Lui aussi voulut voler avec des ailes et il en construisit d'énormes, semblables à celles que l'art chrétien prête aux anges. Il partit d'une fenêtre du quai Voltaire et tenta de traverser la Seine, mais ses ailes ne purent le soutenir et il tomba sur un bateau de blanchisseuses. Le large développement de ses ailes lui avait sauvé la vie.

Nous arrivons à la première tentative sérieuse digne des savants et de la science qui ait encore été faite, celle du serrurier Besnier.

Le *Journal des Savants* du 13 septembre 1768, fait ainsi la description de l'appareil imaginé par l'inventeur :

« Les ailes sont chacune un châssis oblong de taffetas attaché à chaque bout de deux bâtons que l'on ajustait sur les épaules. Ces châssis se pliaient du haut en bas comme des battants de volets brisés. Ceux de devant étaient réunis par les mains et ceux de derrière par les pieds en tirant chacun une ficelle qui leur était attachée.

« L'ordre du mouvement était tel que quand la main droite faisait baisser l'aile droite de devant, le pied gauche faisait remuer l'aile gauche de derrière; ensuite la main gauche et le pied droit faisaient baisser l'aile gauche de devant et la droite de derrière.

« Ce mouvement en diagonale paraissait très bien imaginé, parce que c'est celui qui est naturel aux quadrupèdes et aux hommes quand ils marchent ou lorsqu'ils nagent. On trouvait néanmoins qu'il manquait deux choses à cette machine pour la rendre d'un grand usage ; la première, qu'il faudrait y ajouter une grande pièce très légère, qui étant appliquée à quelque partie choisie du corps pût contrebalancer dans l'air le poids de l'homme ; la seconde, que l'on y ajustât une queue qui servît à soutenir et à conduire celui qui volerait, mais on trouvait bien de la difficulté à donner le mouvement et la direction à cette espèce de gouvernail, après les expériences qui avaient été faites autrefois inutilement par plusieurs personnes. »

La prétention de Besnier n'était pas de faire un long trajet dans l'air. Il voulait seulement franchir de courtes distances. Il s'éleva d'abord du haut d'un escabeau, puis du haut d'une table, ensuite d'une fenêtre, enfin d'un grenier. Et le *Journal des Savants* affirme qu'il se servit de ses ailes avec succès.

On se demande alors pourquoi nul n'a repris cette invention. Le premier appareil construit par Besnier fut acheté par un baladin qui en fit sa fortune. *Sic transit gloria mundi*. Cette tentative méritait mieux, vraiment, que d'inspirer à l'abbé Desforges l'idée de sa voiture volante.

Cet abbé, chanoine d'Étampes, persuadé que sa découverte valait une fortune, mais craignant que la simplicité de son appareil n'en rendît l'imitation facile, ne voulut en faire l'épreuve que si on lui assurait en cas de succès une somme de cent mille livres !...

Une souscription publique fut ouverte, l'argent réuni et déposé chez un notaire. L'expérience eut lieu.

Cette voiture avait la forme d'une gondole longue de sept pieds, large de trois et demi, avec une couverture pour abriter de la pluie. Il n'entrait pas un seul clou dans la construction. Ce n'était qu'un assemblage de pièces réunies au moyen de quatre charnières qui devaient se renouveler toutes les fois que le char aurait fait *trente-six mille lieues* !

Elle ne pesait que quarante huit livres. Il est vrai que le chanoine en pesait cent cinquante, et qu'il portait une valise pesant quinze livres. C'était donc un poids total de deux cent quinze livres.

Ni le vent, ni l'orage, ni la pluie, ne pouvaient la

Appareil volant du serrurier Besnier.

culbuter, la briser ou la détériorer. La voiture, à l'occasion, pouvait même servir de bateau !

Et l'inventeur avait pu trouver une récompense de cent mille livres pour cette idée ridicule, quand Besnier n'avait trouvé qu'un baladin pour lui acheter ses ailes !

Enfin, dernier détail, cette voiture était destinée à faire en quatre mois trente-six mille lieues, trois cents par jour, trente par heure, et ne donnait que dix heures de travail par jour.

C'est en 1772, à Étampes, que se fit l'expérience. Le chanoine et ses cent soixante-cinq livres montèrent dans la voiture. Le conducteur, couvert d'une grande feuille de carton, coiffé d'un bonnet pointu comme la tête d'un oiseau, et le haut du visage caché sous une armature de verre, commença à faire mouvoir les ailes.

Le phénomène fut surprenant. Plus les ailes remuaient, plus la voiture s'enfonçait dans le sol. Cette voiture volante, qui devait faire trois cents lieues par jour, ne put même s'élever à un mètre !

L'abbé Desforges, non découragé, la fit monter au haut de la tour Guinette, mais il eut là haut le même insuccès, heureusement pour lui. Et le digne chanoine dut se contenter de descendre à terre par l'escalier qui, à cette époque, existait encore dans la tour.

Mais ces charlatans de la science, bien qu'ils eussent déconsidéré la question du vol aérien, ne purent empêcher les hommes de travail et d'étude de s'intéresser au problème. Les poètes, les philosophes, les artistes, s'en sont emparés, et au milieu de l'inattention générale des savants, on voit Roger Bacon, Léonard de Vinci, Swift et Cyrano de Bergerac qui, pour aller dans les airs, au soleil, ou à la lune, nous donnent des plans de machines, dont l'idéalisme côtoie souvent la plus saine réalité.

« On peut construire, dit Bacon, dans son ouvrage consacré aux œuvres secrètes de l'art et de la nature, des bateaux allant sur l'eau sans rameurs, de grands vaisseaux conduits par un seul homme et marchant avec plus de vitesse que ceux conduits par une foule de matelots. Enfin, on peut faire des machines pour voler dans lesquelles l'homme, étant assis ou suspendu au centre, tournerait quelque manivelle qui mettrait en mouvement des ailes faites pour battre l'air à l'instar de celles des oiseaux. »

Et quelques lignes plus loin il donne la description de sa machine idéale à laquelle Blanchard, ainsi que nous le verrons un peu plus tard, a fait plus d'un emprunt.

Le peintre immortel qui a signé tant de tableaux splendides, Léonard de Vinci, étudia aussi l'insoluble problème de faire voler les hommes. Il reprit la tradition de Bacon et nul doute que ses divers projets n'aient servi à ceux qui devaient au péril de leur vie tenter une aventure que le succès n'a jamais couronnée !

Le Roman à son tour s'envole dans les airs à la suite de la science et s'élance à la recherche de l'idéal poursuivi.

Godwin fait un voyage dans la lune, où il est porté par des oies colossales qui en douze jours traînent le bâton sur lequel il est juché, du Pic de Ténériffe au but de son excursion.

Swift montre dans Gulliver une île volante qui se soutient dans l'espace au moyen d'un diamant et d'un gros aimant qui se repoussent et s'attirent tour à tour.

Enfin Cyrano de Bergerac met le comble aux inventions idéales. ce qui a fait dire de lui par Montgolfier lui-même :

— C'est celui qui a vu le mieux.

Voici son premier moyen :

Il attache à sa ceinture des bouteilles remplies de gouttes de rosée que le soleil attire à lui par ses rayons et, grâce à elles, il s'élève au-dessus des moyennes régions de l'air. Puis, pour revenir ici-bas, il casse ses bouteilles une à une et se retrouve... au Canada.

Pour revenir, il construit une machine qui ne peut

s'élever et le laisse retomber à terre. Cyrano s'enduit le corps de moelle de bœuf. Pendant ce temps des soldats avaient garni la machine de fusées et y avaient mis le feu. Il se précipite dans son char, les fusées partent et la machine entraînée par la force de propulsion de la poudre enlève le poète.

Mais l'impulsion qu'a reçue l'appareil n'est pas assez forte pour que Cyrano puisse atteindre la lune. Le char redescend et laisse au milieu de l'espace son trop confiant inventeur.

Cyrano va le suivre dans sa chute quand il se sent soudainement attiré par la lune qui était alors à son décours — époque à laquelle elle suce la moelle des animaux — et où il arrive sans encombre.

Son second moyen a été pris par l'auteur de Gulliver qui l'a appliqué à son île volante. Nous n'en parlerons pas.

L'autre est plus naïf ou plus idéal :

Cyrano remplit deux vases de vapeur, les ferme hermétiquement et se les attache sous les ailes. La fumée tend aussitôt à s'élever et, ne pouvant sortir des vases, les pousse en haut et c'est ainsi que le héros s'enlève.

A quatre toises au-dessus de la lune, il quitte les ailes et le vent qui s'engouffre dans sa robe lui permet de descendre doucement à... la lune sans se blesser.

Quant aux vases, ils sont depuis restés au ciel et on les appelle aujourd'hui les balances.

Pour aller dans le soleil, son idée est bien plus ingénieuse. Voici comment il construit sa machine :

C'était une grande boîte fort légère, haute de six pieds, large de trois et qui fermait très juste. Elle avait deux trous, l'un au haut, l'autre au bas. Il posa à celui de dessus un vase ou plutôt une boule de cristal à facettes, à plusieurs angles en forme d'icosaèdre, trouée de même, faite en globe et très ample, dont le goulot aboutissait et s'enchâssait dans le trou du chapiteau. Ainsi, chaque facette étant convexe ou concave, cette boule devait produire l'effet d'un miroir ardent.

Cyrano place sa machine au sommet de la tour où il est enfermé, s'y installe et ferme la porte, attendant que les rayons du soleil frappent sur la boule de verre.

Bientôt, le soleil éclairant la machine, l'icosaèdre transparent en reçoit les rayons à travers ses facettes et répand sa lumière dans la cellule par le bocal. La splendeur s'affaiblissait parce que les rayons se rompaient plusieurs fois, et cette vigueur de clarté tempérée convertissait la chaise en un petit ciel de pourpre émaillé d'or.

Dans l'extase où la beauté d'un coloris si varié jeta Cyrano, il se sentit enlevé et il s'aperçut par le trou du plancher de sa boîte que la terre s'éloignait avec une grande vitesse. Le soleil battant vigoureusement sur les miroirs concaves réunissait ses rayons dans le milieu du vase et chassait par son ardeur l'air dont il était plein par le noyau d'en haut. La nature détruisait le vide à mesure qu'il se formait et l'éther entrant avec violence dans la machine par le trou d'en bas lui servait d'agent, et le poussait sans cesse.

Quittons les hauteurs sidérales, où l'imagination de Cyrano a égaré tant de poètes depuis Lafontaine jusqu'à Voltaire, tant de savants depuis le jésuite Lana jusqu'au père Galien dont les théories ingénieuses n'ont pu trouver pour leurs vaisseaux volants l'air léger qui leur était indispensable pour voler, et redescendons dans la science pure, où la raison et le raisonnement ne nous feront plus défaut.

Le mauvais résultat des nombreux essais entrepris, surtout dans le dernier siècle, fit abandonner la construction des machines aériennes.

Si le succès eut couronné d'aussi puériles tentatives, dit M. Figuier, on aurait obtenu une machine pouvant peut-être satisfaire quelques instants la curiosité publique, mais incapable en fin de compte de répondre à aucun objet d'application sérieuse.

D'ailleurs, il fut prouvé géométriquement par Lalande, qu'un homme s'il voulait se soutenir dans l'air, sans autre point d'appui que lui-même, devait

Appareil de Deghem pour la direction des ballons.

être muni d'ailes de cent quatre-vingts pieds d'envergure, masse impossible à soutenir et à manœuvrer.

Et cependant nous allons retrouver dans ce siècle deux fous qui tenteront l'aventure.

L'un meurt sous le ridicule, c'est Deghen, un Allemand de Leipzig qui vient essayer son appareil au Champ de Mars, ce qui valut à l'infortuné d'être bafoué, chansonné et, qui plus est, roué de coups par la foule.

Deghen, qui, paraît-il, s'enlevait dans l'air comme un oiseau, au moyen d'ailes de son invention, désira offrir à Paris le spectacle de son expérience. La permission lui en fut octroyée et, devant une foule énorme, Deghen parut muni d'ailes fixées à son épaule et attaché à un petit ballon qui devait le maintenir dans l'espace.

L'expérience fut plus que désastreuse. Le malheureux ne réussit, malgré ses efforts, qu'à se traîner contre terre. Le peuple franchit les barrières et lui administra une correction justement méritée.

Les journaux du temps s'en amusèrent et une caricature spirituelle reproduisit l'Allemand corrigé par les assistants de la même manière qu'à cette époque encore les précepteurs corrigeaient leurs élèves. Sur cette plaisante gravure, on remarque des canards emblème de la véracité des affirmations de l'inventeur. Ils voltigent autour du nouvel Icare, qui subit un châtiment auquel les dames et les enfants applaudissent.

Au bas du dessin, on lit ces mots :

« Nouvelle charrue, sans brevet d'invention, propre à labourer la terre sans chevaux, inventée par M. Deghen, célèbre mécanicien allemand, essayée au Champ de Mars, le 5 octobre 1812. »

Cette malheureuse tentative est certainement un des événements qui ont le plus passionné le public dans l'histoire de l'aéronautique. Deghen, patronné par plusieurs savants de Leipzig, avait annoncé avec grand tapage sa prétendue découverte. Il s'était présenté comme un innovateur ; il sut captiver d'abord l'attention générale, mais, après sa ridicule tentative, il fut bafoué comme jamais homme ne l'a été avant lui. Pendant plusieurs jours, Paris s'est cruellement amusé aux dépens du pauvre mécanicien allemand.

Mais du comique nous passons au tragique.

Le 9 juillet 1874, de Groof payait de sa vie la dernière tentative de vol aérien que nous connaissions.

Flamand de naissance, et ouvrier cordonnier de profession, de Groof avait conçu depuis longtemps le projet d'un appareil de vol mécanique.

Dès 1865, il était venu en France, et tenta à Paris d'y mettre à l'épreuve son appareil. Il reçut un concours effectif et moral de la Société d'encouragement pour l'aviation, mais à la suite de longs retards et de dissentiments nombreux, de Groof avait dû renoncer à faire à Paris ses expériences. Il dut partir pour Bruxelles.

Là, il ne put, pas plus qu'à Lyon, où il se rendit ensuite, expérimenter sa machine dont voici la description sommaire :

« Un châssis rectangulaire en bois, au milieu duquel le pilote se tient debout. Deux ailes de dix mètres de long chacune sont fixées à la partie supérieure de ce châssis ; elles tendent à se relever sous l'action de ressorts de caoutchouc fixés à une pièce de bois qui domine tout l'appareil. L'homme abaisse en tirant les cordes, et quand il cesse d'agir, les caoutchoucs les relèvent. A l'état de repos, le système doit former parachute, et une troisième palette concave, formant la queue de cet oiseau fantastique, vient s'ajouter aux deux ailes latérales. »

C'est à Londres, le 2 juin 1874, que Groof se confie enfin à son appareil suspendu au-dessous d'un aérostat. Le ballon, parti de Cremorne, s'éleva à une hauteur de cinq mille pieds, et redescendit rapidement à la hauteur de mille pieds. De Groof se détacha lui-même après avoir donné le signal : « *Loose.* » Le but de ce signal était de prévenir l'aéronaute Simmons, afin qu'il eût le temps d'ouvrir la soupape, et de laisser dégager une quantité de gaz correspondant au poids de l'homme volant et de son appareil.

De Groof arriva à terre avant M. Simmons qui effectua sa descente dans la forêt d'Epping. Il ne se fit aucun mal, et son appareil n'éprouva d'autre dommage que la rupture de quelques baleines.

Mais l'enquête judiciaire démontra que dans l'ascension, de Groof n'avait pas détaché son appareil. Il était descendu sans accident avec le ballon. Les journaux avaient donné un récit imaginaire de la descente et l'aéronaute Simmons, dans sa déposition devant le coroner, avait corroboré sous la foi du serment un récit mensonger.

Enfin le 9 juillet, de Groof essaie réellement son appareil. Le même aérostat conduit par le même aéronaute l'enlève dans l'espace. Arrivé à une certaine hauteur l'homme volant se livre à ses propres ailes et se détache du ballon, mais si précipitamment sans doute que l'appareil penche tout d'un côté.

De Groof agite avec une rage désespérée ses ailes impuissantes à le soutenir, mais inutilement; il ne peut reprendre l'équilibre et vient en tournoyant s'abattre comme une masse sur la chaussée de Robert-Street (Chelsea) près de la boutique d'un épicier.

Le malheureux est foudroyé en touchant le sol, mais il respire encore. La foule accourt et ne songe pas à relever le mourant, elle préfère se ruer avec une joie bestiale sur l'appareil dont elle se partage les débris.

Chute de Groof, l'homme volant

De Groof fut porté à l'hôpital une heure après. Il expira en route.

L'aéronaute Simmons faillit lui aussi perdre la vie. Son ballon subitement délesté s'enleva avec une rapidité telle que celui qui le montait perdit connaissance. Comme il revenait à lui, Simmons touchait terre sur un railway au moment où un train arrivait à toute vapeur. Grâce au dévouement de quelques passants et à la hardiesse avec laquelle le mécanicien fit jouer la contre-vapeur, le malheureux aéronaute échappa à la plus cruelle des morts.

Le nom de de Groof doit être inscrit avec honneur au nombre des martyrs de la navigation aérienne.

Et nous nous écrierons avec M. de Fonvielle :

La mort au milieu d'une expérience est une apothéose qui doit effacer bien des taches publiques et privées. Honneur à ceux qui finissent de la sorte sur le champ de bataille de l'humanité !...

CHAPITRE V

Les parachutes.

L'homme volant a été, malgré ses insuccès, utile à la science. Il a donné à l'aéronaute l'idée, sinon le moyen de trouver un appareil propre à favoriser sa descente de ballon dans un cas difficile ou dangereux. Ce problème n'a été résolu que grâce aux diverses données fournies par les anciennes expériences de vol aérien qui pourtant avaient fait tant de victimes. Mais la science comme la religion a besoin du sang des martyrs pour faire triompher sa cause et stimuler le zèle de ses défenseurs.

Blanchard, l'aéronaute distingué dont nous avons déjà parlé, avait lui aussi travaillé pendant plusieurs années à la confection d'un bateau volant qui pût remplacer son aérostat. Bien qu'il fût satisfait de son appareil au point de l'exposer à la curiosité publique dans les jardins de l'hôtel de la rue Taranne, il ne se décida jamais à faire une expérience de vol aérien. En un mot, il ne put jamais tirer parti de son bateau volant qui n'était autre qu'une espèce de nacelle munie de rames.

Outre ce premier système, il avait construit une paire d'ailes qu'il appliquait à son corps et qui lui permettait de s'élever jusqu'à 80 mètres de hauteur au moyen d'un contrepoids glissant le long d'un mât.

Mais pour voler il fallait supprimer ce contrepoids, c'est-à-dire trouver dans l'air un point d'appui, et on sait que c'est justement ce point d'appui qui manqua à Archimède pour soulever le monde!

Blanchard n'ayant jamais pu parvenir à se délivrer de cette entrave, effrayé par le mauvais résultat des nombreux essais entrepris pendant le dernier siècle, avait abandonné de guerre lasse ce genre de recherches.

— Je rends, s'écria-t-il plus tard quand ses succès d'aéronaute l'eurent dédommagé de son insuccès d'homme volant, je rends un hommage pur et sincère à l'immortel Montgolfier sans le secours duquel j'avoue que le mécanisme de mes ailes ne m'aurait jamais servi qu'à agiter un élément indocile, qui m'aurait obstinément repoussé sur la terre comme la lourde autruche, moi qui comptais disputer à l'aigle le chemin des nues.

Un jour cependant Blanchard, revenant malgré lui à son idée première, adapta son bateau volant au ballon à gaz hydrogène qui lui servit pour la première fois au Champ de Mars. Cette machine ne lui fut d'aucune utilité, mais elle a une grande importance pour nous. Blanchard l'avait surmontée d'une espèce de parapluie qui, à la descente, s'ouvrit au-dessus du bateau.

N'était-ce pas là une idée inconsciente du parachute?

Du reste, bien que tout l'honneur de la découverte proprement dite du parachute appartienne à Sébastien Lenormand et à Garnerin, certains auteurs n'hésitent pas à en faire remonter la paternité à Blanchard qui, nous en sommes sûr, n'en avait aucune idée.

Sébastien Lenormand, professeur de technologie au Conservatoire des Arts et Métiers, conçut le premier et mit en pratique le parachute actuel.

Si d'une fenêtre ou d'une terrasse élevée, dit Dupuis Delcourt, on précipite librement dans l'air un poids de 1 kilogramme, on le verra sans surprise, obéissant à la loi commune, tomber et suivre dans sa chute l'accélération qui rend sa vitesse, on le sait, égale au carré du temps employé à la parcourir. En peu de secondes, il aura touché le sol.

Remontez ce même poids de 1 kilogramme à la station élevée où nous l'avons vu d'abord. Armez-le au moyen de quelques fils, d'une surface en toile ou en papier pouvant se développer et égale à un mètre superficiel environ. Vous pourrez observer alors que ce même poids de un kilogramme ne tombe plus, mais seulement descend avec la même lenteur que met trait à descendre la plume la plus légère abandonnée à elle-même.

Un développement de surface de cinq mètres suffit pour rendre très lente la descente d'un poids de 100 kilogrammes.

Tel est le phénomène qui a inspiré la pensée première du parachute. Quant au principe physique sur lequel il repose, le voici : « Tous les corps, quels que soient leur forme ou leur poids, tombent dans le vide avec la même vitesse. »

La preuve de ce théorème est bien simple à produire. On prend un tube de verre de quelques mètres de longueur dans lequel on a fait le vide et qui est fermé hermétiquement à ses deux extrémités. On y place du plomb, du papier, des barbes de plumes et on retourne brusquement le tube qu'on tient verticalement. On voit alors tous les corps tombant dans l'intérieur du tube venir, au même instant, en frapper le fond.

Les choses se passent autrement dans l'atmosphère. L'air oppose à la chute des corps une résistance dont tout le monde connaît les effets. Ainsi donc, en donnant à la surface d'un corps tombant au milieu de l'air un développement suffisant, on peut ralentir à son gré la rapidité de sa chute.

C'est sur ce principe qu'a été fondée la construction de l'appareil dont ce chapitre doit s'occuper. On peut dire d'ailleurs que son invention a devancé même la découverte des aérostats.

Au dix-septième siècle, un certain Lavin, trop habile calligraphe, fut condamné à la prison perpétuelle pour avoir fabriqué de faux mandats du Trésor. Il fut écroué au fort Miolan.

Ce fort est placé sur l'Isère qu'il domine d'une grande hauteur. La fenêtre de la cellule où était emprisonné Lavin surplombait le fleuve et les rochers. Aussi avait-on jugé à propos de ne placer de sentinelles ni au bord de l'eau, ni sur les remparts. La fenêtre elle-même était très élevée, et n'avait qu'un auvent en bois sans grillage.

Lavin résolut de s'échapper et rêva longtemps une évasion que tout autre eut crue impossible. Enfin il parvint à se procurer un parapluie, en lia solidement les bords au manche avec des cordelettes, puis profitant de l'obscurité de la nuit, il se cramponna désespérément à son extrémité inférieure et se lança dans les airs.

Cette téméraire descente s'accomplit heureusement. Lavin alla tomber dans le fleuve d'où il regagna sans peine le rivage.

Le malheureux ne profita pas longtemps d'une liberté qu'il méritait bien par le succès de son entreprise. Il fut repris et réintégré au fort où il vécut jusqu'à l'âge de quatre-vingt-douze ans.

Ce que Lavin avait tenté par amour pour la liberté, Sébastien Lenormand le tenta par amour pour la science.

Frappé des relations de divers voyageurs qui racontent que dans certains pays, des esclaves pour distraire leur roi s'élancent d'une grande hauteur dans le vide, en tenant à la main un parasol et atteignent le sol sans éprouver la moindre secousse ni ressentir le moindre choc, Lenormand voulut tenter la même expérience.

Il prit deux parasols de trente pouces dont il attacha aux manches les extrémités des baleines et en tenant un dans chaque main il se laissa tomber de la hauteur d'un premier étage.

Cette expérience bien que faite en secret eut pour témoin un passant qui se hâta d'en informer l'abbé Bertholon alors professeur de physique à Montpellier. Lenormand, interrogé, avoua sa tentative, en confirma le succès et les deux savants convinrent de poursuivre ensemble les recherches que Lenormand avait préparées.

Le parasol qu'ils employèrent eut les mêmes dimensions que ceux dont Lenormand s'était déjà servi. Ils en construisirent plusieurs et y attachèrent divers animaux. Lancés du haut de la tour de l'observatoire de Montpellier, ils touchèrent terre sans accident.

Ce fut d'après cette expérience préparatoire que Lenormand, comme il le dit lui-même, calcula la grandeur du parasol capable de le garantir d'une chute. Il trouva qu'un diamètre de quatorze pieds suffisait, en supposant que l'homme et le parachute n'excédassent pas le poids de 200 livres, et qu'avec ce parachute un homme peut se laisser tomber de la hauteur des nuages sans se faire aucun mal.

Enfin Lenormand résolut d'exécuter lui-même l'expérience qu'il avait imposée à des animaux. Le public est ainsi fait que, incrédule comme saint Thomas, il lui faut des preuves palpables pour qu'il se décide à croire. Une probabilité n'est rien, une certitude est tout pour lui. Des animaux avaient opéré la descente en parachute. Qui prouvait que l'homme pourrait en faire autant? Certes on pouvait risquer la vie d'un animal, mais enfin, risquer la vie d'un homme, c'était on ne peut plus cruel. Il est vrai que c'était bien plus concluant.

Aussi Lenormand n'hésita-t-il pas, pour répondre victorieusement aux sceptiques et satisfaire aussi la curiosité du peuple, de se livrer lui-même au parachute

Lenormand déploie son parachute et se lance dans l'espace.

et afin de rendre la solennité plus imposante, il attendit que la session des états du Languedoc fût ouverte.

Ce jour-là tout Montpellier était aux pieds de la tour de l'observatoire et, dans la foule des savants, au premier rang, on pouvait distinguer Montgolfier.

Lenormand, debout au sommet de la tour, déploie son parachute et se lance à pieds joints dans l'espace. La foule pousse un cri d'effroi puis se tait subitement. Presque tous ont la tête découverte. Les cœurs sont émus et des regards ardents suivent dans l'air le savant qui descend majestueusement à l'abri de son parachute.

Alors l'effroi se change en délire de joie. Toute la foule applaudit et salue le parachute d'un bravo qui eut son retentissement jusqu'à Paris.

Quelque temps après, Blanchard toujours à l'affût des innovations s'emparait du parachute et répétait sous les yeux des Parisiens, comme objet de divertissement, les expériences exécutées par Lenormand à Montpellier. C'est du haut de son ballon qu'il lançait des parachutes avec un animal au bout, en guise de nacelle, mais jamais l'aéronaute n'eut l'idée de rechercher si le parachute pouvait devenir un moyen de sauvetage.

Cette pensée audacieuse s'offrit de nouveau à l'esprit de deux prisonniers presque nos contemporains.

Le premier est Drouet, ce fameux maître de poste qui arrêta Louis XVI à Varennes. Le département de la Marne pour le récompenser en avait fait un représentant du peuple et la Convention l'avait envoyé comme commissaire à l'armée du Nord. Il se trouvait à Maubeuge lors du blocus de cette place par les Autrichiens.

Effrayé par la longueur du siège, il sortit de la ville la nuit. Mais le cheval qu'il montait s'abattit et Drouet capturé par l'ennemi fut envoyé à Bruxelles, puis à Luxembourg, et enfin enfermé, en 1796, dans la forteresse de Spielberg (Moravie) que Silvio Pellico devait immortaliser plus tard.

Se souvenant alors des parachutes que Blanchard avait plus d'une fois, sous ses yeux, jetés du haut des airs, Drouet tenta de fabriquer un appareil identique. Il se confectionna une sorte de parasol au moyen des rideaux de son lit et, comme Lavin, se précipita dans le vide.

Malheureusement le parachute ne répondit pas à l'espoir du prisonnier qui se blessa en tombant et fut réintégré prisonnier.

C'est en prison aussi, c'est même dans l'impossibilité de pouvoir conquérir autrement que par la voie des airs la liberté, que Jacques Garnerin, le premier qui se soit jeté du haut d'un ballon avec le parachute, eut la pensée et le désir de tenter cette audacieuse entreprise.

Jacques Garnerin était un élève du physicien
Charles. Il avait embrassé les idées révolutionnaires
et dès l'âge de vingt-quatre ans la Convention lui con-
fiait le poste de commissaire de la République à l'armée qui défendait nos frontières du Nord.

Fait prisonnier dans un combat d'avant-postes à
Marchiennes, il fut traîné pendant plusieurs années
de prison en prison. C'est des prisons de Bude en
Hongrie qu'il tenta de s'évader comme Drouet.

Garnerin était un de ces esprits jeunes et impétueux, que le plus ardent patriotisme avait couvés et
que la Révolution se chargeait de faire éclore. Dès
l'âge de dix-sept ans, il avait tenté la fortune dans
les airs. C'est à Metz qu'il effectua sa première ascension avec une dame de Tumermann ; c'est lui qui
propagea dans Paris la mode des simples montgolfières et qui essaya au Luxembourg des ascensions
captives avec un ballon à gaz, dans lequel les étudiants aimaient à monter ; c'est lui enfin qui donna au
comité du salut public l'idée d'organiser le corps des
aérostiers, que nous avons vu à l'œuvre.

Son frère employé dans les bureaux de la ferme,
avait eu l'occasion dans le procès de Louis XVI de
faire une déclaration importante. Il prétendait avoir
vu dans les papiers du comte de Septeuil, intendant
de la liste civile, un bon de huit cent mille livres,
signé de la reine au profit de la comtesse de Poli-

gnac, puis un ordre écrit d'avoir à vendre des diamants pour en faire passer le prix à l'étranger, c'est-à-dire aux princes émigrés. L'éclat de cette dénonciation fit des deux frères deux hommes politiques, deux commissaires aux armées.

La nouvelle position de Jacques Garnerin pouvait satisfaire son patriotisme, mais l'éloignait trop de ses études aérostatiques. Il voyait à son grand regret que d'autres aéronautes se chargeaient de mettre à la mode de grandes ascensions publiques pour célébrer les fêtes nationales. Ce n'était pourtant pas là son but, mais il eût profité de ces ascensions pour perfectionner un art, où tout était à apprendre.

Bien plus, il avait eu un de ces rêves insensés qui ne pouvaient germer que dans le cerveau d'un fou, d'un poète, d'un savant ou d'un patriote. Il songeait à proclamer au milieu des nuages la constitution de notre Assemblée nationale, afin, disait-il, de faire apprécier aux Français des progrès pacifiques qui ne coûtassent pas des flots de sang humain !...

Le *Patriote Français* a publié le récit naïf, mais enthousiaste, qu'avait inspiré à Garnerin, l'idée de cette mission :

— Je m'élèverais à quatre mille pieds, disait-il, où je rencontrerais un vent de nord-ouest et un soleil qui caché pour les habitants de la terre m'inonderait de ses rayons.

Je me vois traversant les tempêtes pour arriver jusqu'à cette région, l'âme pénétrée d'admiration !...

Et le patriote s'y croyant déjà, continue :

— Que les hommes sont petits ! ne sont-ils pas comme moi, seuls dans ce grand vide dont ils ne s'aperçoivent pas et dont, moi, je suis seul à contempler l'immensité ? Que ne peuvent-ils se faire ici une idée du Créateur, car tout ici se rapporte à lui.

Je lance plusieurs exemplaires de la Constitution. Je les vois voltiger. Mon ballon craque, je le vois, il est tendu comme un tambour. Je suis à dix mille pieds environ et je monte toujours mais d'une allure tranquille et modérée qui me rassure. Puisse le vaisseau de la République flotter aussi doucement que ce ballon !

Arrivé à douze mille pieds environ, je m'acquitte de mon devoir. Je lis à haute voix la déclaration des droits de l'homme, et l'Éternel reçoit mon serment. En me rapprochant de la terre je lance dans les airs tous les imprimés que j'ai emportés !...

Qui sait si la majesté d'un pareil spectacle, ajoute le républicain peut-être un peu trop lyrique, n'eût pas fait ouvrir les yeux aux conspirateurs qui, si nombreux à cette époque, si acharnés à la perte de la République, à la leur, méditaient déjà l'invasion.

C'est de ces idées-là que Garnerin était passionnément imbu ; c'est dans de telles dispositions d'enthousiasme, c'est avec l'espoir de monter en ballon jusqu'au ciel, pour lui faire bénir la Constitution de la République, que ce jeune et illuminé savant était parti. Quelle désillusion ! il ne put que passer en revue des troupes mal nourries, mal équipées, et c'est au premier choc de l'ennemi qu'il fut fait prisonnier.

Aussi, quand nous le retrouverons à Bude, gardé par les Autrichiens : impatient, sombre, irrité, comme le fauve qu'un dompteur tient en cage, il n'est pas étonnant de le voir projeter une évasion, par la voie des airs, dans cet élément dont il rêve de faire son domaine !

Il s'est chargé lui-même de l'expliquer :

— L'amour de la liberté, dit-il, si naturel à un prisonnier, m'inspira plus d'une fois le désir de m'affranchir de ma rigoureuse détention. Surprendre la vigilance des sentinelles, briser d'énormes grilles de fer, percer des murs de dix pieds d'épaisseur, se précipiter du haut en bas d'un rempart, sans se fracasser, sont des projets qui me servirent quelquefois de récréation. L'idée de Blanchard de présenter de grandes surfaces à l'air pour neutraliser, par la résistance, l'accélération du mouvement dans la chute des corps, me parut n'avoir besoin que d'une bonne théorie pour être employée avec succès. Je me suis appliqué à en poser les bases. Après avoir déterminé les dimensions d'un parachute, pour se précipiter du haut d'un rempart ou d'une montagne très escarpée, je m'élevai par une progression naturelle jusqu'aux proportions que devrait avoir un parachute destiné à un voyageur aérien dont le ballon ferait explosion à trois ou quatre mille toises.

En attendant que ce rêve se réalise, Garnerin travaille à son évasion ou plutôt on travaille pour lui.

Il y a dans la prison une jeune fille, Eléonore, qui devient la confidente du prisonnier. C'est elle qui procure à Garnerin, la soie, la baleine, les cordelettes même la nacelle qui doivent servir à confectionner un parachute. La pitié a de ces attentions et de ces délicatesses ; malheureusement la trop grande amitié que cette pitié fit naître dans le cœur d'Éléonore compromit le résultat de sa tentative. L'imprévoyance est l'apanage de la jeunesse trop confiante dans ses propres forces et trop naïve dans ses confidences. Les deux jeunes gens, aveuglés par la sympathie qu'ils éprouvaient l'un pour l'autre, croyaient travailler dans l'ombre et n'agissaient qu'au grand jour. Ceux-là même à qui ils confiaient leurs espérances les trahirent les premiers et un jour Garnerin se retrouva beaucoup plus aimé que la veille, mais encore plus prisonnier.

Dès que ses préparatifs furent découverts, on le mit dans l'impossibilité de recommencer et l'amour d'Éléonore ne parvint qu'à grand'peine à lui faire oublier un projet, d'où dépendait sa liberté, ce bien le plus précieux.

Sa prison lui devint même plus insupportable : non parce que sa chaîne fut plus étroite, sa cellule plus sombre, les traitements plus durs, les geôliers plus insolents, mais parce qu'il voyait sans profit s'étioler les plus belles années de sa jeunesse. Il en venait à maudire celle qui était la cause de ces raffinements de cruauté, dont les pontons anglais ont seuls donné l'exemple envers leurs prisonniers et que l'Autriche perfectionnait à Bude pour Garnerin, afin de les appliquer plus tard sous les plombs de Venise aux patriotes italiens.

Ainsi la prison avait fait deux victimes. Et l'on ne sait vraiment qui souffrait le plus, de celle qui était en liberté, ou de celui qui était prisonnier. Cependant Éléonore souffrit bien davantage encore, le jour où Garnerin sortit de prison, grâce au cartel d'échange qui valut la liberté à Jean de Bry et aux plénipotentiaires français, traîtreusement capturés à Rastadt.

Il y avait dix-huit mois qu'il était en prison !

Égoïsme du cœur humain !... Garnerin, dès qu'il fut libre ne songea plus guère à celle qui avait illuminé d'un rayon de soleil l'obscurité de son cachot et quitta joyeux la pauvre Éléonore, qui de son côté regrettait de voir heureux et libre l'homme qu'elle avait aimé, malheureux et proscrit !

Revenu dans la patrie dont il a été si longtemps écarté, Garnerin avait perdu pied dans la politique. Il se rappela ses rêves aérostatiques et ses débuts. La révolution protégeait les aéronautes. Les deux frères Garnerin s'associent et exploitent l'engouement des Parisiens pour les aérostats. Ils exécutent de grandes expériences publiques. C'est Jacques Garnerin qui en est le hardi aéronaute.

Afin d'exciter l'intérêt des spectateurs, il fit des ascensions nocturnes, dans lesquelles il avait l'habitude d'emporter une lampe qui éclairait son ballon. L'aérostat, comme une véritable étoile filante, traçait un sillon de feu au-dessus de la tête des Parisiens épouvantés et charmés.

Mais cette idée épuisa son succès et Garnerin se souvint alors du parachute, qu'il avait imaginé pour échapper à ses geôliers autrichiens. Nous avons vu qu'il n'en était pas plus l'inventeur que Blanchard, mais la manière dont il l'avait perfectionné, tandis que Blanchard n'avait cherché qu'à se l'approprier. On comprend l'acharnement que Garnerin a toujours mis à disputer aux autres l'honneur d'avoir trouvé le parachute, surtout quand il l'eut expérimenté au péril de sa vie.

Cette première expérience devait se faire le 15 juin 1797 dans le jardin de l'hôtel Byron, aujourd'hui couvent du Sacré-Cœur. Le ballon destiné à enlever le parachute et l'expérimentateur était prêt. Garnerin se disposait à prendre place dans la nacelle quand le vent mit l'aérostat en lambeaux.

L'ambassadeur turc qui assistait à l'expérience s'écrie avec un flegme tout oriental :

— Est-ce que Mahomet dans le Coran n'a point écrit que l'homme ne peut voler ?

Mais la foule ne se montre pas d'aussi bonne composition. Les aéronautes sont obligés de prendre la fuite pour se soustraire à ses fureurs insensées. Un des spectateurs les attaque comme coupables d'escroquerie et les accuse de lui avoir extorqué son argent à l'aide de promesses mensongères et de manœuvres frauduleuses.

Trois mois après, Garnerin à qui on n'avait rendu la liberté que sous caution, exécutait dans les jardins de Tivoli cette ascension en parachute, qu'il avait en prison si longtemps méditée.

Le spectateur grincheux qui l'avait accusé d'escroquerie, n'en continue pas moins ses poursuites. Racine dans ses Plaideurs n'a rien inventé de plus grotesque. L'avocat du demandeur prétendit que si Garnerin avait réussi, c'était par un pur effet du hasard. Par conséquent le public n'avait pas été moins trompé la première fois, puisqu'on l'avait convoqué et fait payer pour une expérience chimérique !

Cette chicane nous montre combien les saines idées

physiques sur la construction des aérostats étaient peu répandues et combien il y avait aussi de mérite réel à exposer sa vie pour les propager.

L'expérience du parachute était exécutée par Garnerin d'une manière théâtrale et dans des conditions propres à produire une profonde émotion. L'aéronaute avait imaginé un mécanisme qui déchirait le ballon pendant que l'on coupait la corde. Soutenu par les toiles de son parachute il arrivait lentement à terre presque toujours après les débris de son aérostat.

Voici comment l'astronome Jérôme de Lalande raconte cette expérience :

— Le premier brumaire an VI (22 octobre 1797) à 5 heures 28 minutes du soir, le citoyen Garnerin s'éleva en ballon perdu au parc de Monceau. Un morne silence régnait dans l'assemblée, l'intérêt et l'inquiétude étaient peints sur les visages. Lorsqu'il eut dépassé la hauteur de 350 toises, il coupa la corde qui joignait son parachute et son char avec l'aérostat, ce dernier fit explosion et le parachute sous lequel le citoyen Garnerin était placé descendit très rapidement. Il prit un mouvement d'oscillation si effrayant, qu'un cri d'épouvante échappa aux spectateurs et des femmes sensibles se trouvèrent mal. Cependant le citoyen Garnerin descendit dans la plaine de Monceau. Il monta à cheval sur-le-champ et revint au parc de Monceau, au milieu d'une foule immense qui mar-

quait son admiration pour le talent et le courage de
ce jeune aéronaute. En effet, le citoyen Garnerin est
le premier qui ait osé entreprendre cette expérience
hasardeuse. J'allai annoncer ce succès à l'Institut
national qui était assemblé et l'on m'entendit avec
un extrème intérêt.

C'est ce même Jérôme de Lalande qui, s'apercevant que la nacelle avait éprouvé des oscillations
inouïes, devina qu'elles tenaient à ce que l'air com-
primé pendant la chute n'avait point d'écoulement
régulier et ne rencontrant pas d'issue s'échappait
tantôt par un bord, tantôt par un autre. Le savant
académicien y remédia en conseillant de faire un
trou au centre afin d'obtenir un mouvement régulier
dans la descente. Cette amélioration suffit pour rendre l'appareil maniable en dépit de sa large envergure.

Nous relevons dans les récits de Garnerin quelques
particularités inconnues de sa première expérience.

— « J'ai été obligé de construire mon parachute en
deux jours et deux nuits. Pour qu'il fût prêt au jour
indiqué, je fus non seulement contraint de renoncer
aux projets de précaution que commandait la prudence dans un essai de cette importance, mais je fus
encore obligé de supprimer beaucoup des agrès nécessaires à ma sûreté.

« Le ballon d'essai qui devait m'indiquer la direc-

Descente de Garnerin en parachute.

tion que j'allais suivre manqua. En suspendant le parachute au ballon, le tuyau qui lui servait de manche
se rompit et le cercle qui le tenait se cassa. Malgré
tous ces accidents, je partis emportant avec moi cent
livres de lest dont je jetai subitement le quart dans
l'enceinte même..... Je dépassai rapidement la hauteur de trois cents toises d'où j'avais promis de me
précipiter avec mon parachute.

« Je fus porté sur la plaine Monceau qui me parut
très favorable pour consommer l'expérience aux yeux
des spectateurs. Aller plus loin, c'eût été en diminuer le mérite pour eux et c'était prolonger trop
longtemps leur inquiétude sur l'événement. Tout
combiné, je prends mon couteau et je coupe la corde
fatale au-dessus de ma tête. Le ballon fit explosion
sur-le-champ et le parachute se déploya en prenant
un mouvement d'oscillation qui lui fut communiqué
par l'effort que je fis en coupant la corde, ce qui ef-
fraya beaucoup le public.

« Je descendis sans accident dans la plaine de
Monceau, où je fus embrassé, caressé, porté, froissé
et presque étouffé par une multitude immense qui se
pressait autour de moi.

« Je laisse aux spectateurs le soin de décrire
l'impression que fit sur eux le moment de ma sé-
paration du ballon et de ma descente en parachute. Il faut croire que l'intérêt fut bien vif, car

on m'a rapporté que les larmes coulaient de tous les yeux et que des dames, aussi intéressantes par leurs charmes que par leur sensibilité, étaient tombées évanouies. »

A ce récit que publie le journal de Paris sont jointes des réflexions écrites dans le style boursouflé de l'époque et dont nous ne rapporterons que les dernières lignes :

— «Nous avons admiré un jeune homme de vingt-cinq ans qui accepte du Comité de salut public en 1793, une commission hasardeuse, qui fait la revue du camp de Rousonnet, qui se bat à Marchiennes, qui est pris par les Anglais, qui, interrogé par eux, fait des réponses dignes d'un fier républicain, livré ensuite par les Anglais aux Autrichiens, conduit à Bude, endurant dix-huit mois les traitements les plus barbares, n'ayant pas changé de paille et n'ayant pas montré un instant de faiblesse, pas perdu un atome de la dignité française, et nous avons cessé d'appeler folie, la descente de Monceau.

« Ce jeune homme, nous sommes-nous dit, n'aura pas voulu qu'un autre qu'un Français eût la gloire de l'expérience du parachute. Cela lui a suffi. Gloire nationale d'une part, engagement personnel d'un autre. Et de là nous avons conclu que, quand même Éléonore eût été présente, elle n'y eût fait œuvre. Il n'y a amour qui tienne contre une âme sincèrement éprise du nom français, sous quelque face qu'elle se présente. »

Le parachute de Garnerin n'a jamais été modifié et on ne s'en est jamais servi. La police le défend aujourd'hui.

Ajoutons qu'il ne pouvait guère, placé comme il était sous le ballon, servir de moyen de sauvetage et que du reste on ne signale aucun cas dans lequel le parachute ait servi à terminer une ascension périlleuse. Il est en effet difficile de comprendre comment on pourrait au milieu des airs descendre de la nacelle du ballon dans la petite corbeille du parachute. Il n'y a pas d'acrobate capable d'accomplir ce tour de force.

Il est vrai qu'on peut accrocher le parachute à un des côtés de l'aérostat de manière que sa nacelle soit à la hauteur de l'aéronaute ; mais on est à se demander si l'opération pourrait se faire, par le vent et le froid, à 2,000 mètres de hauteur.

C'est encore un secret de l'aérostation. En attendant que de hardis innovateurs le trouvent au péril de leur vie, signalons les deux seuls accidents que le parachute ait causés. Et encore le second doit-il être mis au compte de la théorie du vol aérien, de même que pour le premier, comme nous allons le voir, ce n'est pas le parachute que l'on doit rendre responsable, mais bien les modifications qu'avait apportées l'aéronaute, à la disposition ordinaire de cet appareil.

Le 26 juillet 1836, Charles Green, le célèbre aéronaute anglais exécutait au Vaux-Hall Gardens une ascension destinée à expérimenter le parachute renversé de Coking.

Ce malheureux, artiste de profession et doué de quelques talents réels, avait assisté aux ascensions de Garnerin, et, frappé de la grandeur des oscillations du parachute, il conçut l'idée de les diminuer en le renversant.

Le principe sur lequel est basé cet appareil, cessait dès lors d'être applicable, et la catastrophe qui se produisit ne pouvait point ne pas se produire.

Une observation faite sur un parapluie que le vent avait retourné et arraché des mains d'un de ses amis placé à une fenêtre du premier étage, fut la cause première de cette étrange combinaison. Voyant que le parapluie était tombé fort doucement après s'être retourné, Coking fit construire une immense carcasse en osier recouverte de toile, le long de laquelle serpentait une hélice en zinc destinée à régulariser l'action du parachute et à en maîtriser les oscillations.

Cependant, au moment de s'embarquer dans son appareil, Coking a comme un remords. Est-ce un pressentiment de sa fin prochaine? Est-ce une soudaine vision de la grossière erreur qu'il a commise?

quoi qu'il en soit, il est prêt à renoncer à son entreprise, dont l'a dissuadé M. Gye, le directeur du Vauxhall, quand il entend sortir ces paroles d'un cercle de spectateurs :

— A quoi bon tant de réflexions ! M. Coking s'est tellement avancé auprès du public qu'il vaudrait mieux, pour lui, mourir que de reculer.

Ces paroles sont l'arrêt de mort du malheureux aéronaute qui aussitôt se décide à partir.

— Prenez au moins un verre de vin d'Espagne, lui demande-t-on.

— Non, réplique-t-il, j'ai besoin de tout mon sang-froid ; mais si j'en reviens, quelle bonne bouteille je viderai !

L'aérostat s'élève emportant l'appareil et son inventeur. Arrivé à 1200 mètres, Green coupe la corde qui retient Coking à la nacelle, et soudain l'appareil descend avec une effroyable vitesse et se brise à terre à côté de son inventeur mutilé d'une manière affreuse.

Un cabaretier du voisinage s'empare de ce cadavre ensanglanté et le porte dans sa taverne, où il l'expose sur une table, prélevant un droit d'entrée d'un schelling sur les nombreux curieux qui se présentent pour voir cette épave sanglante !

Il fallut que la police fît cesser cette hideuse exhibition !

Mais que penser, en ce cas, de l'esprit mercantile des Anglais? Que penser surtout de cet aéronaute distingué, qui voit et comprend le danger que court un malheureux et froidement coupe la corde qui va l'envoyer dans l'éternité?

Eh! mon Dieu! rien que nous ne pourrions penser de l'attitude du public devant cette dernière victime du parachute dont nous allons raconter l'accident et la mort.

En 1854, un acrobate nommé Leturr donne des représentations fort suivies à l'Hippodrome. Il a trouvé la direction des parachutes !

Ce n'est pas un aéronaute, c'est encore un descendant des fils d'Icare. Il cache ses prétentions d'homme volant sous le déguisement du parachute. En effet, il descend à terre au moyen d'un mécanisme lourd et grossier, absolument copié sur celui de Deghen, de ridicule mémoire, et le met en mouvement au fur et à mesure qu'il descend protégé par un immense parachute. Il n'a plus à se soutenir, mais seulement à vaincre les frottements latéraux s'opposant à la translation de l'appareil.

Leturr a du succès, il a fait la descente sans rien se casser d'essentiel, ni à lui ni à son appareil. Grâce au baptême de la réclame parisienne qui ne fait jamais défaut aux étrangers, il part pour Londres précédé par sa réputation.

Cet acrobate n'avait pas fait faire un pas de plus à la science des parachutes. Il avait simplement mis en œuvre le bateau volant de Blanchard protégé par un parasol de diamètre respectable. Aussi ne devait-il pas lui être permis de cueillir de nouveaux lauriers et une catastrophe que nul ne pouvait prévoir vint interrompre le cours de ses tentatives et de ses représentations.

Accroché au-dessous d'un ballon, il venait de quitter Crémorn quand un vent violent se met à souffler. L'aéronaute, — dont nous regrettons de ne pas connaître le nom — prend peur et n'ose se délester d'un poids aussi considérable que celui de Leturr et de son mécanisme. Malgré les cris du malheureux expérimentateur, il se refuse à couper la corde, que Green avait si obligeamment coupée pour Coking. Ce qui avait perdu l'un, eût sauvé l'autre !... L'aéronaute s'entête et ne répond pas à l'appel désespéré de Leturr.

Qu'arriva-t-il? une chose épouvantable, qui défie toute description. Le ballon, chassé par le vent, se penche et file rasant la terre, décapitant les arbres, brisant les cheminées, accrochant les toits, course échevelée, au bout de laquelle l'aérostat cabossé, éventré, s'arrête brusquement.

Leturr est immobile sur son siège où, avant le départ, il s'était fait soigneusement ficeler. L'infortuné portait au front une large cicatrice. Il avait été assommé et n'était plus qu'un cadavre.

Dieu seul pourrait dire s'il a souffert longtemps ou si cette blessure au front, qui suffisait à le tuer, était venue dès le début lui ôter la conscience des tortures qu'il était condamné à endurer.

Comme on le voit, le parachute est innocent et on ne saurait l'accuser de la mort de Leturr pas plus que de celle de Coking.

Aussi nous espérons qu'un jour ou l'autre les études du parachute reprendront leur cours et que dans leurs tentatives, les fils de Garnerin seront moins éprouvés que les fils d'Icare!...

CHAPITRE VI

Épopée du *Géant*

Le 31 juillet 1864, paraissait dans le journal *la Presse*, un manifeste de l'AUTOLOCOMOTION AÉRIENNE, commençant par ces mots :

— Ce qui a tué la direction des ballons, depuis quatre-vingts ans tout à l'heure qu'on la cherche, — ce sont les ballons.

Il faut aller jusque-là pour trouver l'origine de la construction du Géant. Ce ballon colossal était construit pour tuer les ballons.

Mais quel savant avait eu l'audace de rompre officiellement avec les errements de l'aréostation officielle? Quel nouveau Montgolfier venait planter avec tant de crânerie son étendard sur un paradoxe ?

Qui? Ce n'était ni un savant, ni un Montgolfier. Tout au plus aurait-on trouvé en lui quelques points de ressemblance avec Pilâtre de Rosier. Mais lui-même va nous dire ce qu'il était :

« Un ancien faiseur de caricatures, dessinateur sans le savoir, assez impertinent, pêcheur à la ligne dans les petits journaux, médiocre auteur de quelques romans dédaignés de lui tout le premier et réfugié finalement dans le Botany-Bay de la photographie.

« ... Intelligence superficielle ayant effleuré beaucoup trop de choses pour avoir eu le temps d'en approfondir une. N'ayant commencé l'étude de la médecine que pour lui tourner le dos aussitôt et ne sachant pas plus d'ailleurs en fait de physique et de chimie que ce qu'il a oublié de ce qu'il n'avait guère appris étant au collège, où il passait son temps à crosser du pied les bordures en buis taillé du *jardin des Racines Grecques* ; un de ces hommes dénués de respect, qui appellent les savants des bêtes à x, comme d'autres disent des vers à soie, se compromettant comme à plaisir à affecter une ignorance plus grande encore que la science réelle et à se faire attribuer la paternité de formules dans le genre de celle-ci : *La chimie, c'est ce qui pue !*

« Voilà pour l'autorité scientifique.

« Comme caractère général ou caractères généraux, la plus solide et la mieux établie des réputations de cerveau brûlé sur le territoire parisien et *extra muros*. Bravant l'opinion, inconciliable avec tout esprit d'ordre.. Sans mesure ni retenue, exagéré en tout, impatient à la discussion, violent en paroles, obstiné plutôt que persévérant, enthousiaste à propos de rien, sceptique à propos de tout..., personnalité bruyante, absorbante, gênante, agaçante, forçant la curiosité... tireur de pétards, casse-carreaux, chien de jeu de quilles, prototype de terreur pour les beaux pères. — voilà l'homme qui avait l'insolence de se poser face à face avec la question de l'autolocomotion aérienne, à peu près comme ferait un chien devant un évêque. »

Ce portrait où son auteur par habitude sans doute a grossi certains traits, comme il eût fait d'une caricature, n'a pas deux originaux dans Paris. La ville la plus spirituelle du monde n'a pas de garçon plus spirituel que Nadar, homme de lettres, caricaturiste, et photographe « qui a dépensé dans les menues conversations de chaque jour de quoi bonder quarante volumes et qui, après avoir jeté sa poudre à tous les moineaux rencontrés depuis quarante ans dans la moins retirée des vies d'artistes, détient encore en sa cartouchière de quoi faire royale chasse ! »

Félix Tournachon — autrement dit Nadar — fut attiré vers l'aérostation par l'une de ces impressions enfantines dont le souvenir ne s'efface guère.

C'était aux Champs-Élysées en 1828 ou 1829, Nadar avait huit ou neuf ans. Il y avait à propos d'une fête quelconque, l'ascension d'un aérostat, car, depuis la Révolution, les ballons étaient retournés sur les places publiques pour contribuer à l'éclat des représentations et des fêtes, seul genre de service qu'on ne leur discutait pas. Et comme Paillasse, le pauvre ballon, insulté et méconnu par la science, sautait pour tout le monde. Il avait sauté pour la république et l'empire, pour les coups d'État et le droit divin, pour Austerlitz et Waterloo. Pour quoi et pour qui ne sauterait-il pas encore ?

Nadar, perdu dans la foule, attendait l'apparition dans les airs du ballon annoncé. Soudain il entend des cris et voit passer au-dessus de lui une forme rasant les arbres avec une rapidité vertigineuse, et emportant un petit panier d'osier dans lequel il entrevoit un homme accroché aux cordages.

La vision disparaît. La foule se précipite et l'enfant tout pâle entend à côté de lui ces paroles qui lui donnent un horrible serrement de cœur :

— Le pauvre diable ! il doit être déjà en pièces !...

Depuis ce temps, Nadar ne rêve que ballons. Il a toujours devant les yeux ce vol d'ouragan du ballon de la fête du Roi, à travers ses paupières fermées il revoit toujours et sans cesse ce globe lancé dans l'espace, qui casse les branches des arbres et va se briser sur les toits avec son voyageur !

Plusieurs années après, le hasard veut qu'on parle

devant lui de la direction des ballons, et voilà son jeune cerveau ruminant cette pensée qu'il ne devait faire éclore que trente ans plus tard en travaillant à ce problème dont la solution est encore à trouver.

Enfin il a l'occasion tant cherchée de monter en ballon. Louis Godard l'emmène, et Nadar « jouit à pleins pores de cette volupté infinie, unique, de l'ascension ». Depuis, il n'a plus qu'un désir, celui de recommencer. Et il recommence, cherchant tout seul cette direction des ballons à laquelle personne ne croit, pas même Godard, et arrivant à poser comme axiome de son théorème, cette devise dont il fera un drapeau :

— Être plus lourd que l'air, pour commander à l'air.

Ce que M. de la Landelle a résumé en termes plus élémentaires :

— Être le plus fort pour ne pas être battu.

Cette idée obsède Nadar de jour en jour malgré les nécessités et les soucis d'une vie remplie plus que de besoin. Il marche sans regarder la route, pourvu qu'elle le mène au but, sans savoir ni se demander par où il passera.

Nadar n'était pas le seul à poursuivre l'idée de la direction des ballons.

Deux hommes étaient parvenus par la même route à la même conviction, ils étaient travaillés des mêmes angoisses et des mêmes agitations. La rencontre devait fatalement se faire entre ces trois hommes, elle se fit. MM. de la Landelle et Ponton d'Amécourt s'unirent à Nadar et une campagne d'ardente propagande fut entreprise.

Alors parut le fameux manifeste dont nous avons parlé au début et dont voici en résumé les principaux articles :

— Pour commander à l'air, au lieu de lui servir de jouet, il faut s'appuyer sur l'air et non plus servir d'appui à l'air. En locomotion aérienne, comme ailleurs, on ne s'appuie que sur ce qui résiste.

L'air nous fournit amplement cette résistance, l'air qui renverse les murailles, déracine les arbres centenaires et fait remonter par le navire les plus impétueux courants.

— Nous allons faire à son tour servir l'air en esclave, — comme l'eau à qui nous imposons le navire, comme la terre que nous pressons de la roue..... La première nécessité de l'Autolocomotion aérienne est donc de se débarrasser d'abord absolument de toute espèce d'aérostat. Ce que l'aérostation lui refuse, c'est à la dynamique et à la statique qu'elle doit le demander.

C'est l'hélice qui va nous emporter dans l'air. C'est l'hélice qui entre dans l'air comme la vrille entre dans le bois, emportant avec elles l'une son moteur, l'autre son manche. Vous connaissez ce joujou qui a nom *spiralifère?* quatre petites palettes ou pour mieux dire spires en papier bordé de fil de fer, prennent leur point d'attache sur un pivot de bois léger. Une ficelle enroulée autour de la tige imprime, en se déroulant, un mouvement de rotation suffisant pour que l'hélice en miniature se détache et monte en tournoyant dans les airs. Que ce moteur ait la permanence des forces employées dans les usines et en le réglant à son gré, le mécanicien en fera la locomotive. Vous allez monter, descendre ou rester immobile dans l'espace, selon le nombre de tours de roues que vous demanderez par seconde à votre machine.

L'hélice nous donne donc la puissance ascensionnelle. Soit verticale, graduée et facultative, elle nous fournit le propulseur à pivot horizontal dont la rapidité pourra s'accroître au moyen des plans inclinés et alors nous avons la direction.

Ce manifeste dont nous n'avons dessiné qu'à grands traits les principaux errements — l'aérostat devenu inutile et remplacé par l'hélice, — se terminait par ces paroles vraiment éloquentes et qui ont même ému le monde savant :

« Que la pensée cherche seulement à évaluer d'aussi loin que ce soit, la marche d'une locomotive glissant dans les airs sans déraillement possible, sans mouvement de lacet, sans le moindre obstacle.

Supposez que cette locomotive se rencontre dans sa route au milieu et dans le sens d'un de ces courants qui donnent jusqu'à 30 et 40 lieues à l'heure. Additionnez ensemble ces données formidables, et votre imagination va reculer, en ajoutant encore à ces vitesses vertigineuses, la rapidité d'une machine tombant dans un angle de descente de 4 à 5,000 mètres par gigantesques zigzags et faisant le tour du monde en quelques enjambées fantastiques. »

Les adhésions arrivent bientôt à Nadar. L'illustre Babinet lui-même est le champion *du plus lourd que l'air*. Le célèbre académicien fait sur la question de la navigation aérienne une conférence très écoutée et très applaudie, à laquelle succède dans *le Constitutionnel*, une série d'articles élogieux pour Nadar, mais très amers pour les prétendus directeurs de ballons dont rien n'égalait l'aveuglement!... MM. de la Landelle et d'Amécourt construisent des hélicoptères autour desquels Nadar mène grand bruit et qu'il prône avec fracas. Ce diable d'homme communique sa fièvre à tout le monde!.. Enfin comme couronnement de l'édifice, la calomnie s'en mêle, et le triumvirat de l'hélicoptère est très malmené par les partisans de l'aérostation.

On ne ménage guère ce prophète caricaturiste, qui se faisait gloire de n'avoir jamais fait un calcul de sa vie, ni ce savant académicien qui avait assez d'esprit pour ne prendre au sérieux aucun des raisonnements bizarres qu'il lançait dans ses conférences et dans ses feuilletons. M. de Fonvielle se distingua surtout dans ce concert, par une amertume qui déguise mal son dépit.

C'est là, dit-il en parlant du manifeste cité plus haut, qu'on adora pour la première fois la sainte Hélice qui devait régénérer l'humanité. L'établissement Nadar fut le temple de cette nouvelle divinité qui devait nous débarrasser à jamais de ces maudits appareils, que l'on nomme les ballons.

Mais avant de les déchirer pour toujours, on leur demandait un dernier service, c'était d'expier les crimes de Charles et de Montgolfier, — en gagnant l'argent nécessaire pour la construction du navire aérien l'*Aéronef*, qui allait supplanter définitivement les grands appareils à l'aide desquels ils avaient égaré l'humanité.

En effet l'idée était étrange ; le triumvirat bâtissait les hélicoptères sur une petite échelle, mais n'avait pas d'argent pour une expérience définitive. Nadar jugea à propos de faire servir une dernière fois les aérostats à la destruction des aérostats. Et de tous ces rêves, de toutes ces conférences, de tous ces manifestes, de toutes ces encycliques et professions de foi, il sortit, quoi? Un ballon. Il est vrai que c'était un géant!... Mais enfin ce n'était qu'un ballon, et pour des hommes qui voulaient le supprimer la chose était dure.

Il fallait se hâter, car l'heure approchait. Nadar fit des prodiges, de vrais miracles. Sans argent, il paya plus de 80,000 francs et trois mois après, le 4 octobre, *le Géant* était créé.

Il cubait 6,000 mètres. Pour des ennemis des ballons, c'était faire généreusement les choses, leurs amis n'auraient jamais osé si bien travailler. Formé de deux enveloppes superposées en taffetas blanc, il était haut de 40 mètres. La nacelle, très originale, composée de deux étages, avait la forme d'une maison et pesait 1,200 kilogr.

C'est à Godard que revient l'honneur de cette construction magique. Tout le monde connaît, — de nom au moins — Eugène Godard. Sous l'empire, pas une ascension ne se faisait sans lui. Toute sa famille l'a suivi dans les airs. Père, frères, jeunes et vieux, petits et grands, tous y ont passé.

Cet intrépide aéronaute, qui adore les ballons, ne devait pas épouser les théories contradictoires de Nadar, que du reste il avait toujours combattues en niant la possibilité de se diriger dans les airs. Cependant, pris aussi d'admiration pour cette tête brûlée de Nadar, qui emportait tout à la pointe de son enthousiasme, il l'aida sinon à la construction de ses hélicoptères qui ne pouvaient servir qu'à des enfants, du moins à celle du *Géant*, qui pouvait être utile à l'aérostation.

L'ascension eut lieu au Champ-de-Mars. Tout Paris y assistait. L'énorme machine emportait treize voyageurs munis d'armes, de guides, de passe-ports dans toutes les langues. Si la Chine n'avait pas été si loin, c'est là à coup sûr qu'on se serait rendu !... Hélas ! on se contenta de descendre avant la nuit dans les plaines de la Brie, près de Meaux !...

L'aventure fit rire et l'effet en fut désastreux pour Nadar, qui résolut de prendre sa revanche. Le 18 octobre eut lieu la deuxième ascension du *Géant*.

Le ballon disparut majestueusement dans la direction de la Belgique, emportant Nadar et sa femme, les frères Godard, Saint-Félix, Montgolfier, Yon Thirion et d'Arnoud. Paris s'est couché plein de confiance. L'Empereur lui-même est venu souhaiter bon voyage au précurseur du plus lourd que l'air. Les passagers du *Great-Eastern* de l'air sont aux anges, que dis-je, aux nuages. La nuit est charmante et, groupés sur le toit à l'italienne de leur maison d'osier, ils admirent successivement la lumière du gaz qui marque à leurs pieds Senlis, Compiègne, Noyon, Chauny, Saint-Quentin, Avesnes. Lille, Bruxelles, Malines. Le capitaine Nadar, armé d'un porte-voix gigantesque, essaie de réveiller les échos de la Belgique endormie. et d'effrayer les populations du Rhin. *Le Géant* traverse la Belgique, la Hollande et va tomber dans le Hanovre, après avoir parcouru en seize heures plus de 370 lieues.

La descente fut terrible. Ce long et horrible traînage dont Nadar a fait un récit si émouvant constitue toute une épopée.

C'est elle que nous allons retracer :

Tout allait pour le mieux dans le meilleur des ballons possible, quand au bout de l'horizon, — *le Géant* se trouvait à peu près à la hauteur de Nieuburg — un point blanc se montra.

La mer, voilà la mer! c'est la mer qui arrive, crient les voyageurs, et, au milieu d'un sauve-qui-peut général, on prélude aux préparatifs de la descente.

Les derniers sacs de lest sont rangés, les cordes et les ancres préparées, Godard ouvre la soupape.

— Le monstre se dégorge, dit Thirion.

En effet le ballon rend son gaz avec un son qui imite le beuglement d'un animal gigantesque et descend si rapidement que le vent soulève les cheveux des voyageurs en sifflant à leurs oreilles.

Tout le monde est sur le pont. Pressentant ce qui va arriver, pas un des passagers n'a eu l'idée de descendre dans l'intérieur qui serait en cas de danger le plus mauvais refuge.

— Aux cordes! aux cordes! crient les Godard et gare au choc !

Chacun se cramponne aux cordes. Ce n'est plus une descente, c'est une chute. La terre se rapproche comme si elle allait se précipiter sur la nacelle. Le vent souffle tellement fort qu'il dérange la ligne de descente et ralentit l'accélération. Cette énorme masse précipitée dérive en fendant l'air. Au lieu d'être diagonale, la chute n'est bientôt plus qu'oblique, horizontale.

Et le cri véhément, bref, sans réplique, se fait entendre :

— Tenez-vous bien ! tenez-vous bien !

Nadar et sa femme sont entrelacés, chacun d'eux tenant un gros cordage. A côté, vers le milieu de la claie servant de balcon, à genoux, d'Arnoud étreint également deux cordes. Tout autour sont groupés Montgolfier, Thirion, Saint-Félix. Les Godard, ces marins de l'air, sont dans les bastingages.

— Nous jetons l'ancre, tenez-vous bien. Ah!!!...

La nacelle a touché terre avec une violence inouïe. Toutes les mains ont lâché prise. Les voyageurs sont renversés et l'aérostat a rebondi d'un élan gigantesque.

— Je ne sais pas comment mes bras ne se sont sont point arrachés, raconte un des témoins de la catastrophe.

Le Géant remonte, mais la soupape est ouverte, il retombe. Un second choc plus terrible que le premier jette les malheureux les uns sur les autres. Le ballon rebondit encore, puis, au lieu de retomber, chasse sur les ancres. Les amarres sont cassées et *le Géant* donne de la tête comme un cerf-volant qui tombe.

La terre se rapproche. Les chocs de la nacelle se succèdent. Tous les muscles sont tendus, les mains crispées sur les cordes. Le vent emporte comme une plume ce géant des ballons, et alors commence une course furibonde : c'est le traînage. La nacelle suit par secousses désordonnées, et, pour ajouter à la vitesse de cette course forcenée, la partie inférieure du ballon déjà vide et flasque s'est appliquée contre la partie pleine et fait voile.

Ici, nous laissons la parole à Nadar :

« Quelle rapidité vertigineuse ! Quelle succession de chocs pressés, haletants, crépitants comme grêle ! Quelle contention de muscles, d'attention et de volonté car, la moindre défaillance, l'inadvertance d'une seconde, la tête tournée seulement et, lancé dans l'espace, vous êtes brisé !

« Et chaque heurt broie nos muscles, rompt nos poignets, désarticule nos épaules : chaque contre-coup nous meurtrit les uns contre les autres, victimes et bourreaux réciproques...

« Ayant charge de deux corps, ma part est la plus lourde, et il me semble que chacun de ces horribles ébranlements est le dernier que j'aurai pu soutenir. Mais c'est aussi la pauvre créature, que j'étreins contre ma poitrine, entre mes deux bras autour d'elle, soudés comme du fer aux câbles du cercle, c'est elle aussi qui ravive à chaque affaissement la source de ma force déjà vingt fois épuisée.

« A ce regard doux et profond du pauvre être broyé, mais résigné toujours et muet, à cette suprême et fervente communion de nos deux âmes, je sens bien que sa vie même est ma vie et que ma mort seule sera, puisqu'elle l'a voulu, sa mort, et cette mort, je la défie à mon tour de nous séparer, car elle n'a que le droit de nous prendre ensemble !

« Mais nous sommes bien condamnés.

« Si insuffisante que soit l'ouverture maudite de notre soupape, nous pourrons nous raccrocher, à la rigueur encore, à cette maigre chance de salut et soutenir peut-être l'interminable série de ces cahots forcenés jusqu'au moment où notre force ascensionnelle étant épuisée *le Géant* s'arrêterait.

« Mais l'inexorable fatalité n'aura pas voulu nous laisser même l'invraisemblable éventualité de ce recour en grâce.

« Trouble d'esprit, défaillance de mains, accidents fortuits, par une cause inexpliquée encore, la corde elle-même de cette soupape n'est plus entre les mains de nos conducteurs.

« Elle leur a échappé et fouette l'air au-dessus du cercle...

« Nous roulerons donc sans espoir, sans appels,

de bonds en bonds, jusqu'à l'instant dernier... »

Le Géant chassait avec une vitesse de dix lieues à l'heure dans la direction de Nieuburg, fauchant de gros arbres avec plus de dextérité que vingt bûche-rons réunis. Une petite ancre reste encore. Godard la jette. Elle s'agrafe au toit d'une maison dont elle enlève la charpente.

Rien ne peut arrêter la course du monstre qui s'élève avec des bruissements affreux et retombe toujours avec les mêmes coups de tête. Tout ce qui se trouve à portée de la nacelle est coupé, broyé, détruit. Tout fuit sur son passage, les chevaux, les bœufs, les moutons et les hommes qui les gardent.

— Gare! crie une voix, n'importe laquelle. C'est un arbre, une barrière, une cahute qui viennent au-devant du ballon. Chacun se penche à droite ou à gauche. Un craquement se fait entendre. L'obstacle est renversé et passé !...

La mort ne les effraie pas. Personne n'y pense. Tous regardent le danger sans songer à s'y soustraire. Si l'un d'eux eût essayé de sauter hors de la nacelle, nul doute qu'il n'eût réussi à se sauver, mais alors c'était pour les autres une chance de moins de salut, car le ballon allégé eût retrouvé de nouvelles forces.

Les petites choses heurtent les grandes. Le plaisant aime à se marier avec le sévère, le comique avec le terrible. Aux yeux des naufragés, apparaît un malheureux lièvre que la nacelle a fait lever des bruyères. La pauvre bête affolée, épouvantée, court en droite ligne devant *le Géant* qui la dépasse et l'entraîne en l'étranglant dans les lacets de l'amarre, qui traîne derrière la nacelle.

Mais voici le danger, le vrai danger. Au sortir d'une tourbière dont les éclaboussures les couvrent d'une boue noirâtre qui les étouffe et les aveugle, ils aperçoivent la ligne en talus d'un chemin de fer.

— A ce moment, écrit Nadar, où, harassés déjà, nos compagnons doivent ressentir comme moi ces fourmillements, ces crampes qui engourdissent et paralysent les articulations, nous apercevons devant nous, menaçante en haut de son remblai, perpendiculaire à notre course, une locomotive en marche traînant son tender et deux wagons....

Quelques tours de plus et tout est bien fini! car une fatalité géométrique veut que nous nous précipitions avec elle, par une coïncidence infernale de temps et de lieu, juste sur le même sommet d'angle.

Que va-t-il arriver ?

Précipités dans notre vol d'ouragan, nous allons soulever du coup et renverser la lente machine et ce qu'elle traîne, ceci ne fait pas l'ombre d'un doute, mais nous sommes broyés !

Quelques mètres à peine nous séparent de l'ennemi.

De nos poitrines s'échappe un cri, un seul, mais quel cri!...

Il a été entendu.

Le sifflet de la locomotive nous répond. Elle a ralenti sa marche, elle s'arrête comme semblant hésiter, et recule enfin tout juste à temps pour nous livrer passage. Et le mécanicien nous salue, sa casquette au bout de son bras tendu.

— Gare aux fils!...

Les voici en effet sur nous, ceux-là que nous n'avions pas aperçus, les quatre fils du télégraphe électrique, quatre guillotines!...

Nous avons baissé nos têtes : heureusement nous nous trouvons raser bas à ce moment précis.

C'est sur le cercle et ses gabillots inférieurs qu'a eu lieu la rencontre, un ou deux de nos câbles seulement ont porté sur ces rasoirs.

Et nous entraînons ces câbles pendant derrière nous, comme la queue d'une comète échevelée, avec les tringles télégraphiques sans fin et les poteaux qui les soutenaient tout à l'heure!... —

Le Géant poursuit sa course, tête baissée. Godard a résolu de faire cesser cette agonie. Si c'est à la mort qu'on s'élance, autant la forcer à venir de suite, plutôt que de souffrir ainsi sans espoir.

— Si l'on pouvait ouvrir la soupape? dit l'un des deux frères.

Le traînage du Géant dans les plaines du Hanovre.

— Je vais essayer, répond froidement Jules.

Il se lève et se hisse aux cordages, une secousse le rejette sur le pont, brisé et les vêtements en lambeaux. Il essaie de nouveau. Vaine tentative. Le ballon s'agite fiévreusement comme s'il avait conscience des efforts de l'intrépide jeune homme. Une troisième fois il se redresse, monte sur les épaules d'Arnoud puis sur sa tête, des mains il se cramponne au cercle auquel tiennent les cordes du filet, fait un effort, bondit... mais le ballon bondit aussi de son côté. Enfin *le Géant* calme ses mouvements et Jules en profite pour s'élancer dans le cercle où il s'arc-boute des jambes. Il saisit la corde de la soupape, s'y pend et la jette. Son frère et Thirion s'en emparent et l'attachent solidement à une des poignées de la plate-forme. Le gaz s'échappe et le ballon s'affaisse peu à peu, sans rien perdre de sa vitesse horizontale.

Anxieux, les naufragés attendent. Combien de temps va durer le dégagement du gaz? Leurs forces épuisées tiendront-elles? La nacelle à son tour ne va-t-elle pas se briser en mille pièces?...

La rapidité du vent ne s'est pas démentie. Les secousses se multiplient. La nacelle tout à fait sur le côté râcle la terre, fauchant les bruyères, cassant les taillis et les arbres, puis passant, de la poudre aride des chemins, aux boues noires des tourbières. Aveuglés, étouffés, asphyxiés, cinglés par les épines

des bruyères, les malheureux, à bout de forces et de
souffrances, n'ont plus conscience de leur position.
Une grosse maison toute rouge de briques est devant eux. Ils la laissent venir. Elle va les broyer,
qu'importe ! Le vent en décide autrement. La maison
est passée !...

Le Géant se dégonfle à vue d'œil, c'est le salut :
c'est la vie ! Et pourtant une nouvelle inquiétude s'a-
joute à leurs mortelles angoisses. Ils sont en pleine
forêt !...

Les secousses recommencent. Cette fois ce n'est
plus l'agonie, mais la mort, un craquement épouvantable résonne dans l'air. Des cris de douleur y répondent. Alors se passe une scène indescriptible, où,
comme l'a dit Nadar avec une énergie peut-être ou-
trée, à l'horrible se joignent l'odieux et l'infâme !...

En effet l'aérostat a été subitement allégé, l'un des
naufragés manque à l'appel. Il s'est sauvé ou il est
tombé, mais qui ? nul ne le sait encore aujourd'hui :
ou on l'ignore, ou on ne veut pas le dire.

La conséquence en est terrible. De là ce craquement de la nacelle que *le Géant* entraîne et brise
contre les arbres de la forêt, puis des cris qui n'ont
plus rien d'humain, poussés par les victimes.

D'abord c'est d'Arnoud qui est renversé et tombe
dans le deuxième compartiment de la nacelle par la
trappe ouverte. Il se relève tout contusionné. Une

autre secousse le fait sortir à moitié corps de la maison par une des fenêtres ouvertes. Il aperçoit deux de ses compagnons étendus sur le sol. Il se crampoune en élevant les bras, mais une troisième secousse le lance en l'air. Il fait deux tours sur lui-même et retombe la tête la première. Là, il reste étendu sans connaissance.

Et *le Géant* poursuit sa course devenue plus vagabonde et plus folle.

Le malheureux Saint-Félix faible et chétif, est détaché du bord par une secousse, et la nacelle l'entraîne en l'écrasant ; on l'entend qui crie : Arrêtez ! A ce cri en répond un autre : Grâce !...

C'est Montgolfier qui, à son tour, est pris sous l'énorme masse.

Le pont est presque désert. Les uns ont été arrachés, les autres sont tombés, d'autres ont sauté. Dans ce sauve-qui-peut général sait-on soi-même ce qu'on aurait fait ?

Mais Nadar sait ce qu'il doit faire. Il reste, soutenant toujours sa femme, l'œil fixé sur ce ballon dont il est le capitaine et qu'il n'abandonnera pas. Il se croit seul. Il se trompe. Godard aîné tapi dans un angle, écoute, observe et attend.

Soudain il disparaît à son tour. A-t-il sauté ? est-il tombé ? Et Nadar, en parlant d'odieux et d'infâme, a-t-il voulu flétrir la conduite de ceux qui l'ont laissé seul, bien seul cette fois avec sa femme, dans une nacelle brisée, que traîne un ballon éventré?

Nous les retrouverons tout à l'heure. Cherchons ceux qui gisent sur le sol, blessés, étourdis, évanouis ou morts?

Non, heureusement, il n'y a pas de morts. D'Arnoud, Thirion qui a déchargé son revolver sur le ballon, Yon et Jules Godard se sont retrouvés et rejoints. Ils marchent avec peine, mais enfin ils marchent, ils respirent, ils vivent, mais une peur atroce leur étreint le cœur. Quels cadavres vont-ils rencontrer?

A cent pas, en avant de la forêt, un corps noir lacéré, méconnaissable est couché dans l'herbe, c'est Saint-Félix. Sa figure n'a plus rien d'humain, la peau du front, du menton et de la joue droite est enlevée. Les yeux tuméfiés présentent l'aspect de deux globes blanchâtres, sanguinolents, gros comme des œufs de poule, son bras gauche est cassé, la main presque entièrement dénudée, la poitrine n'est qu'une plaie vive et tout le reste du corps est entièrement nu et couvert de boue.

Une rivière coule près de là. On court y chercher de l'eau. D'Arnoud a dans sa poche une fiole de teinture d'arnica. Quelques gouttes dans un peu d'eau réconfortent le blessé qui demande à boire. On le lave, on le rhabille avec les lambeaux de ses vêtements, après avoir bandé ses plaies avec des linges mouillés.

Au même moment arrivent Montgolfier et Louis
Godard. Le premier est noir de tourbe, mais n'a aucune contusion sérieuse. Le second a la cuisse dé-
chirée et les jambes ecchymosées. Leur premier
soin est de transporter à une maison voisine leur
malheureux camarade.

Puis, ils se regardent, les larmes aux yeux. Où
est Nadar? c'est la question qu'ils se font du regard,
des lèvres, du cœur.

En s'approchant de la rivière, ils aperçoivent sur
l'autre rive une tête qu'ils ne reconnaissent pas
d'abord, mais qui leur jette ce cri désespéré et déchirant:

— Où est ma femme? ma femme?...

Et le malheureux, qui ne peut se tenir debout, se
roule par terre, souffrant comme un damné, non de
ses blessures qu'il ne sent pas, mais de la cruelle
incertitude où il est sur le sort de sa femme.

Pour aller jusqu'à lui, il faut traverser la rivière,
assez profonde en cet endroit. Quelques paysans qui
sont accourus cherchent à passer les naufragés sur
leur dos, mais ils ne peuvent y parvenir. Au moyen
d'une quantité de grosses branches que le ballon a
cassées ils construisent un pont volant assez solide,
sur lequel ils passent.

Une large trouée faite par la nacelle dans les arbres de la forêt les conduit jusqu'au ballon couché

sur un abattis prodigieux de branches d'arbres. A côté gît la nacelle et sur ses débris, madame Nadar est couchée crachant le sang à pleine bouche. Elle a la poitrine fortement comprimée, et ses vêtements sont trempés d'eau.

Que s'était-il donc passé dans le dernier acte de ce drame? Nadar nous le dirait bien, car il l'a analysé en termes émouvants, mais nous ne voulons pas déflorer son récit par des citations écourtées.

Dès que le dernier des naufragés eut abandonné Nadar et sa femme, la nacelle se retourna brusquement du côté où ils se trouvaient. Ce n'est plus la nacelle, c'est leur propre corps qui râcle la terre.

Une secousse plus forte que les autres les lance dans l'air et aussitôt ils se retrouvent dans l'eau, où la maison d'osier s'est enfoncée avec ceux qu'elle porte. Ils suffoquent, c'est l'immersion, une seconde de plus et ils sont noyés; mais *le Géant* use les dernières forces de son agonie à retirer ses victimes. La nacelle remonte lentement le talus, puis reprend sa course dans les arbres. Nadar éperdu sent que ses forces vont l'abandonner. Il saisit un moment propice et, tenant toujours sa femme dans ses bras, il se laisse glisser le long des parois extérieures de la nacelle.

Il tombe, ses bras s'ouvrent; une résistance à la-

quelle il ne s'attendait pas, le force à lâcher sa femme,
qui accrochée par ses vêtements à la claie d'osier est
entraînée par la nacelle, jusqu'au moment où le Géant
s'arrête, jetant son dernier soupir sur un amas de
gros arbres qui ont achevé de l'éventrer: mais le
choc a fait reprendre à la nacelle, sa position, et madame Nadar a glissé dessous. C'est là qu'on la retrouve.

Nadar est vite prévenu par ses compagnons d'infortune. Les deux époux sont réunis et confondant leurs
larmes, leur sang, leurs souffrances, retrouvent dans
la plus douce des étreintes, leur courage, leur amour
et leur foi.

Les paysans ont été chercher une charrette pleine
de paille. C'est là-dessus qu'on couche les deux blessés et qu'on les dirige vers la maison la plus proche,
où saint Félix a été déjà conduit.

Cette maison leur est offerte par le gouverneur du
district. C'est un pavillon de chasse situé dans la partie la plus pittoresque de la forêt; une hospitalité
somptueuse y attend les naufragés du *Géant*.

Ils étaient en Hanovre; le roi aveugle qui régnait
alors; mais qui depuis a perdu sa couronne et la vie,
— qui ne se rappelle à Paris, ce digne vieillard, au
bras de sa fille, ange gardien que la Prusse n'a pu
lui enlever? — ce roi, dis-je, reçut les Français avec
tous les égards dus à une si grande infortune. Grâce

à Dieu, aucun des blessés ne succomba et tous les héros de cette tragique aventure sont encore vivants.

Dès qu'il put se faire transporter, Nadar revint à Paris où son retour fit événement. On se rendit en foule au boulevard des Capucines, pour voir le héros et lui serrer la main.

Cette catastrophe était-elle une défaite? Non, un accident tout au plus, qui ne faisait que retarder la construction du navire aérien rêvé par le promoteur du plus lourd que l'air. Mais pendant qu'il était au lit, ses ennemis l'attaquèrent à qui mieux mieux et frappèrent à tout rompre sur celui qui ne pouvait leur répondre. On le mit au défi de faire une nouvelle ascension avec *le Géant*. Il ramassa le défi et le 26 septembre 1864, il s'élevait à Bruxelles, dans cette même nacelle où il avait failli trouver la mort.

Mais Nadar n'est plus Nadar. Les ascensions de Bruxelles, la Haye, Lyon, sont impuissantes à ressusciter *le Géant*. Le grand ballon dort dans la grande nef du Palais de cristal de Londres où quelques milliers de spectateurs viennent le voir. L'Exposition universelle remet son ombre à flot, mais, hélas! il ne parvient pas à gagner le demi-million qui est nécessaire à Nadar pour construire son gigantesque hélicoptère.

Cependant la société de navigation aérienne pour les appareils plus lourds que l'air est fondée. Les plus grands esprits de ce siècle embrassent la cause nouvelle. De l'atelier photographique de Nadar, est parti le grand mouvement qui entraîna vers la théorie de l'aviation la plupart de ceux qui se livraient aux études aéronautiques. Le seul but de cette société, but que devait atteindre *le Géant*, était de constituer aux chercheurs un capital d'essais. Cette spéculation est tombée sous les railleries et l'entreprise n'eut que des effets déplorables.

Nadar fut mal secondé et s'y ruina.

Doit-on se mettre du côté de ses amis pour l'encenser ou de celui de ses ennemis pour le railler? Ni d'un côté, ni de l'autre ; son épopée du *Géant* doit fermer la bouche aux calomniateurs. Cependant on ne peut trouver que juste l'appréciation suivante de M. de Fonvielle.

— Avec de grands moyens d'actions, un talent véritable, une ardeur d'apôtre, Nadar ne produisit rien. *Le Géant* passait comme un brillant météore. Augmentant le dégoût de beaucoup de gens pour les expériences aériennes, offrant un large flanc à la critique, ne rapportant aucun fait nouveau, aucune expérience décisive, les hommes de la science l'oublièrent, les hommes de loi seuls continuèrent à prononcer son nom. Il restera cependant dans l'histoire de la navigation aérienne comme une preuve de ce que peut faire un homme actif, entreprenant, quand il prend pour point d'appui, pour levier, le désir que nous avons tous de tracer un sillon vainqueur au milieu des nuages et de rendre enfin les aigles jaloux de notre pauvre humanité!!...

Sans nul doute, un autre reprendra l'idée de Nadar. Les apôtres du *plus lourd que l'air*, protégés par la science officielle, ont fondé partout des sociétés qui étudient le problème de l'aviation, et nous sommes convaincu qu'un jour ou l'autre l'homme trouvera le moyen de réaliser cette magnifique découverte de la navigation aérienne.

Et nous terminerons par ces mots de Babinet :

— En supposant même que le résultat que M. Nadar espère, ne finisse pas par répondre à son infatigable persévérance, il lui restera dans l'histoire du vol humain le mérite, j'ose dire, la gloire, d'avoir été celui par qui la Providence de Bossuet a dit à la société : MARCHE !....

CHAPITRE VII

Les ballons pendant le siège

Le 21 septembre 1870, Paris était bloqué. Pas un seul piéton ne pouvait franchir les lignes ennemies. Les fils télégraphiques étaient coupés, les messagers de la poste pris et fusillés, la Seine barrée par des filets ; il ne restait plus aux deux millions d'hommes renfermés dans la capitale que le domaine de l'air pour correspondre avec la province.

Alors apparurent les ballons-poste, dont le premier, passant au-dessus de Versailles, fit jeter à l'ennemi cette exclamation de colère :

— Ce n'est pas loyal !...

Chacun de ces ballons emportait une énorme quantité de lettres et de dépêches, des passagers et quelques pigeons voyageurs destinés à rapporter dans Paris assiégé des nouvelles de la province.

Les départs avaient lieu presque régulièrement, sur la place Saint-Pierre de Montmartre. Les assiégés y assistaient en masse et saluaient avec joie et respect cette masse inconsciente, qui disparaissait dans les nuages emportant la pensée, la douleur et l'espoir de ces exilés de la patrie, au cœur même de la patrie.

Que d'adieux déchirants parfois! car les trois quarts de ces aéronautes improvisés n'étaient que des volontaires pris dans tous les rangs du travail, de l'industrie, de l'armée, de la marine, et pendant quatre mois on en vit surgir de sublimes abnégations, de courageux dévouements. Ne connaissant rien aux choses aérostatiques, ne possédant aucune expérience, combien de ces malheureux ont bravé le danger et la mort, sans avoir l'espoir, comme le soldat, d'accoler à leur nom l'épithète de braves ou de héros!

Presque toutes ces ascensions, sauf celles du *Richard Wallace* et du *Jacquard*, dont les aérostats se sont perdus en mer, sans qu'on ait pu en avoir la moindre nouvelle, ont profité aux assiégés, mais il y en eut beaucoup qui sont passées par des péripéties émouvantes et les plus horribles dangers.

A cette époque, où les malheurs de la patrie et les tortures d'un peuple affamé préoccupaient tous les esprits et inquiétaient tous les cœurs, où Paris prisonnier ne savait pas ce qui se passait au delà des fortifications, à plus forte raison ce qui se passait dans les airs, où l'invasion et la Révolution réunies et alliées, luttaient contre la France, veuve de ses armées et dépouillée de ses places fortes, peu de personnes s'intéressaient au sort de ces ballons et de leurs hardis capitaines. On saluait bien le départ, mais on savait le retour impossible. Le canon et la fusillade étaient les seules voix qu'on entendît, les seules qu'on écoutât!...

Après le siège, Paris put enfin apprendre ce qu'étaient devenus plusieurs de ces aéronautes, au courage desquels l'Europe entière avait applaudi, et connaître en détail leurs diverses ascensions, qui peuvent revendiquer à bon droit l'honneur de figurer dans les plus belles pages de l'histoire de nos dernières guerres.

Au premier rang figure l'ascension de *la Ville d'Orléans*. C'est celle-là que nous allons raconter.

Le 24 septembre 1870, le gouvernement de la Défense nationale discutait, dans ses conseils, la sortie en masse par Champigny. Le corps des aérostiers fut immédiatement convoqué à la gare du Nord.

A six heures du soir, une dépêche émanant du quartier général ordonnait le gonflement d'un ballon qui partirait le soir même. *La Ville d'Orléans* et son aéronaute Rolier furent désignés.

Vers dix heures à peu près, l'aérostat disparaissait dans les ombres épaisses de la nuit, emportant les paquets de l'administration des postes, les dépêches du gouvernement et deux voyageurs, Rolier, le capitaine, et Bezier, chargé d'une mission auprès de la délégation de Tours.

Tous les deux faisaient ce voyage en volontaires et en amateurs. L'un, ingénieur distingué, s'était mis au service du Gouvernement, persuadé qu'il serait plus utile dans une nacelle qu'aux tranchées. L'autre, simple franc-tireur, rêvait sans doute l'organisation d'une armée, et allait offrir ses services aux généraux, qu'on accusait d'impuissance ou de lenteur.

Le plus pur patriotisme les animait. Ils s'en allaient à l'inconnu au nom de la France, insouciants du danger, assurés, s'ils réussissaient, que leur voyage aboutirait à un résultat heureux pour Paris. Ils emportaient la pensée d'un millier d'habitants, les projets des défenseurs de la capitale. N'était-ce donc rien que d'aller consoler des familles et donner un peu d'espoir à nos départements découragés et affolés?

Le ballon fut emporté par le vent dans la direction des camps prussiens. Comment en eût-il été autrement? Il fallait bien passer sur ces fourches caudines. Pour les éviter, on jeta quelques sacs de lest, et en réponse à ces grains de sable dont ils connaissaient bien la provenance, messieurs nos ennemis se hâtèrent d'envoyer une grêle de balles et d'obus. Le

La Ville d'Orléans. — Le ballon pendant la nuit.

bruit seul en parvint jusqu'à la nacelle, qui déjà, à 2,700 mètres d'altitude, n'avait plus rien à craindre pour ceux qui la montaient.

D'après les prévisions météorologiques, *la Ville d'Orléans* ne devait franchir que 15 kilomètres à l'heure et ne pas dépasser Hazebrouck ou Dunkerque. L'altitude était favorable. Le vent et la marche du ballon confirmaient les prévisions des astronomes. Les deux aéronautes se laissèrent sans inquiétude emporter dans l'immensité de l'Océan aérien.

La nuit était sombre. L'aérostat glissait dans les traînées grasses et humides du brouillard, avec ce léger bruit des pas dans les feuilles séchées par le vent d'automne. Au-dessous de lui, on entendait un autre bruit sourd, indéfini, incompréhensible, écho peut-être d'un peuple qui se réveille ou d'un océan qui s'endort.

Les voyageurs tendirent l'oreille. Ce bruit persistant et monotone, tantôt clair et strident, tantôt plaintif et lointain, finit par les inquiéter. Ils avaient bien commencé à l'attribuer à quelque train qui passait, car le Nord est sillonné de nombreuses lignes de chemins de fer, mais pas un seul coup de sifflet ne venait trahir la présence des locomotives.

Et le roulement sinistre augmentait de plus en plus, à mesure que les premières lueurs de l'aurore éclairant les coins brumeux du ciel, annonçaient l'approche du jour.

Enfin le rideau de brouillard s'illumina vaguement et les aéronautes anxieux interrogèrent cette immensité teinte d'un gris sale, qui les enveloppait. L'immensité resta muette. La brume cachait la terre, et quand le vent, plus généreux qu'elle, soulevait un coin de son voile, les voyageurs apercevaient comme une forêt bleuâtre mouchetée de neige. Un rayon de soleil finit par avoir raison du brouillard, et dans toute sa splendeur, dans toute son horreur, la mer immense apparut avec ses vagues blanches et ses abîmes bleus.

La première sensation fut terrible. Ces vaillants, qui avaient souri au crépitement des balles prussiennes, qui s'étaient décidés à vaincre tous les obstacles, et préparés à lutter contre tous les dangers de la descente, n'avaient certes pas compté sur cet ennemi invisible contre lequel toute lutte est inutile, la mer !.. Ils étaient partis forts et pleins d'espoir. En un instant ils se trouvèrent faibles et désespérés. Leur courage les sauva de cette faiblesse. Le sang-froid leur fit envisager la position avec moins de découragement.

Dès le moment qu'il leur était impossible de lutter contre l'Océan, il fallait trouver un moyen d'échapper à l'immersion et à l'asphyxie par l'eau. Rolier, d'accord avec son compagnon, résolut d'abord de faire sauter *la Ville d'Orléans*. On délivra les pigeons, et l'un d'eux emporta écrite sur une feuille de papier à cigarette, la relation de leur triste et infructueux voyage, adressée au gouverneur de Paris.

Alors, après s'être serré la main, sans mot dire, avec une résignation aussi calme qu'énergique, les aéronautes firent les derniers préparatifs.

Rolier se chargea lui-même de mettre le feu au ballon. Un capitaine qui refuse de se rendre fait sauter son navire. C'est ce qu'allait faire Rolier qui se souvenait qu'il avait été marin et refusant de se livrer vivant allait jeter comme une aumône à l'Océan vorace une proie de deux cadavres!

Heureusement qu'un incident aussi puéril que naturel vint empêcher cet héroïque sacrifice. L'humidité avait détrempé les allumettes, et il leur fut impossible d'en enflammer une seule.

Pendant ce temps, l'excitation nerveuse qui avait causé cet accès de désespoir cessait peu à peu, et le ballon poursuivait sa route vers le nord, voyant sous lui cet éternel tapis de vagues menaçantes, dont la voix semblait insulter aux victimes qui lui échappaient.

Si l'Océan parlait trop, l'horizon restait muet. Pas une terre, pas l'ombre d'un rivage hospitalier. Rien que le ciel, l'air et l'eau. *La Ville d'Orléans* fatiguée obéissait au vent comme avec regret de ne pouvoir se reposer sur cette grande plaine unie qui la fascinait.

Tout à coup un point noir apparaît et va grandissant. Le ballon vogue du reste de son côté. Ce point noir est un vaisseau qui s'avance. Si le vent ne change pas, ballon et navire seront bientôt l'un près de l'autre.

Et le courage revient avec l'espoir, les yeux se mouillent de larmes, les mains tremblent, la poitrine se gonfle sous les efforts d'une respiration haletante, c'est la vie qu'elle hume à longs traits; il fait si bon de vivre quand on a souffert! On ne sent bien le prix de cette ingrate vie, dont on fait si souvent un facile marché, qu'après avoir été atteint par le premier souffle de la mort! Les deux malheureux se livrent sans restriction à l'ineffable bonheur de revivre, oubliant ce qu'ils ont souffert et ne songeant pas à ce qu'ils auront à souffrir encore.

Hélas! ce bonheur fut de courte durée. Une violente secousse vint précipiter les aéronautes des hauteurs de leur rêve dans le plus profond abîme de la réalité. *La Ville d'Orléans*, ne pouvant plus garder sa force ascensionnelle, se laissait aller comme une fleur fanée sur sa tige, et descendait rapidement vers la mer.

Cette fois il n'y avait plus aucun espoir. Le navire était à cinq cents mètres de là, et le guiderope s'enfonçant dans la mer ajoutait au poids de la nacelle que le ballon était de plus en plus impuissant à soutenir.

Les vagues se multiplient à l'assaut de la nacelle.

La chute se précipite. Le guiderope s'enfonce davantage. La nacelle est à quatre mètres à peine des vagues. Deux sacs de lest jetés par dessus bord n'ont point suffi à arrêter le ballon et les aéronautes, malgré leurs efforts réunis, ne réussissent pas à retirer le guiderope.

Les vagues se multiplient à l'assaut de la nacelle qu'elles effleurent et par-dessus laquelle elles finissent par passer. Une, plus audacieuse, envahit à moitié le fragile domaine des aéronautes. C'en est fait, le naufrage est complet. Aux secousses du ballon qui agonise, Rolier sent que la partie est perdue et le navire qui tout à l'heure approchait à grande vitesse semble rester stationnaire loin d'eux.

Une soudaine détermination, suprême ressource des naufragés, est prise par Rolier. Il coupe la corde qui retenait un gros sac de dépêches. Ce sac pesait cinq cents livres. Délesté de ce poids énorme, le ballon remonte avec la rapidité d'une flèche jusqu'à une hauteur de quatre à cinq mille mètres. Et pendant ce temps le navire, seul et dernier espoir des aéronautes, disparaît à l'horizon.

De nouveaux dangers succèdent aux premiers. Ils n'ont plus à craindre la colère de l'Océan, il leur faut affronter les mystères des hautes régions atmosphériques, où l'abandon d'une aussi grande quantité de lest a lancé l'aérostat. Le gaz se dilate avec une rapidité effrayante. Les parois du ballon se tendent. Une explosion est imminente si on n'y porte un prompt remède.

Le malheur les poursuit avec une rigueur inexorable. C'est en vain qu'ils veulent ouvrir la soupape : la corde fonctionne mal et la soupape ne peut obéir à sa pression. Une minute encore et c'en est fait de *la Ville d'Orléans* !...

Rolier, avec cette rage du désespoir, qui double les forces et le courage, se précipite sur les cordages et grimpe jusqu'à la soupape qu'il maintient ouverte.

C'est la victoire encore, mais sera-ce le salut ?...

Le vent a changé de direction, ou plutôt les courants aériens où se trouve engagé le ballon l'entraînent vers l'Est, mais toujours à la même hauteur, et les aéronautes ne savent où ils sont, ni où ils vont. Se rapprochent-ils de la terre ou sont-ils emportés vers la mer?

Bientôt l'aérostat qui perd son gaz entre dans une suite de nuages sombres. L'obscurité est telle, que les voyageurs ne voient plus le ballon. La nacelle ressemble à un esquif perdu sur l'océan pendant une nuit noire, et qu'entraîneraient des tourbillons de vagues. Le vent a redoublé d'intensité et pendant plusieurs heures, les naufragés, aveuglés par la brume, suivent le courant capricieux sur lequel le ballon glisse avec une rapidité foudroyante.

Un nouveau danger les menace encore. L'aérostat, qui perd trop de gaz, redescend et quitte les nuages sombres, pour entrer dans d'autres où les paillettes de givre s'attachent à lui et diminuent encore sa force ascensionnelle. Les voyageurs eux-mêmes sont couverts de glace. Leur visage est emprisonné dans un masque transparent qu'ils ont peine à briser.

Il faut à tout prix arrêter la descente. Rolier malgré le froid grimpe de nouveau dans les cordages et comprime violemment la partie déjà vide. Pendant une heure, suspendu dans le filet, il reste là retenant de ses mains engourdies le ballon qui se dégonfle, et ce n'est que vaincu par la fatigue et le froid qu'il redescend dans la nacelle.

Rien, cette fois, ne peut arrêter le ballon. Ce n'est plus une descente, c'est une chute. *La Ville d'Orléans* ne tombe pas, elle se précipite. On dirait que, lasse du danger, fatiguée de la lutte, elle cherche un suicide digne de ce danger et de cette lutte.

La nacelle a reçu un tel choc que les aéronautes sont renversés. Ils se relèvent et sont renversés de nouveau. Un long froissement, un second choc, la nacelle traînée dans la neige, puis un arrêt subit occasionné par le guiderope enroulé autour d'un arbre. tout leur indique qu'ils ont touché terre.

Ils regardent. Autour d'eux une plaine de neige. çà et là quelques sapins. Au fond un rideau vert indique l'entrée d'une forêt. Pas d'hésitation. Il faut descendre. C'est le désert, mais ce n'est plus l'océan. A peine ont-ils sauté hors de la nacelle que le ballon rebondit dans les airs, continuant sa marche vers l'inconnu. Les aéronautes sont sauvés.

Mais est-ce bien encore là le salut? Les montagnes de glace qui les environnent ne sont-elles pas plus menaçantes que les vagues de la mer? Dans quelle partie du monde se trouvent-ils? Sont-ce les loups de la Russie ou les ours blancs du pôle qui habitent cette plaine de neige et ces forêts de sapin? Sera-ce une voix humaine qui troublera la première le silence de mort qui règne dans cette solitude? Autant de questions, autant d'énigmes. Rolier pense que le vent les a portés dans les régions boréales et qu'il leur sera difficile d'en sortir. N'importe, à tout hasard ils se dirigent vers le sud, se fiant au hasard qui les a déjà sauvés.

Et voilà les deux malheureux se soutenant à peine, brisés de fatigue, affamés, qui cheminent à travers la neige, cherchant çà et là un sentier où ils puissent marcher sans disparaître dans les crevasses.

Deux heures s'écoulent et ils n'avancent pas. La plaine s'allonge dans son interminable immensité, et nul bruit, si ce n'est le bruissement du vent qui secoue les branches des grands pins, ne vient frapper leurs oreilles.

La fatigue finit par les terrasser, sans parvenir à les
vaincre. Cependant Rolier s'arrête. La tête lui tourne,
ses jambes ne peuvent plus le soutenir; un voile épais
lui obscurcit la vue. Il se roidit contre cette faiblesse
passagère, mais c'est en vain. Le courageux aéronaute
est obligé de s'asseoir et, une fois assis, il ne peut plus
se relever. Le sommeil s'en est emparé.

Son compagnon désespéré sent bien que ce sommeil c'est la mort. Il prend Rolier dans ses bras, le
force à marcher, le secoue, lui parle, le console.
Rolier l'écoute, lui sourit et retombe dans son sommeil.

Eh ! quoi? avoir tant souffert et tant lutté pour en
arriver là? Le dénouement de ce voyage homérique
finira piteusement au coin d'un bois, dans la neige, et
leurs cadavres serviront de victuailles aux loups et
aux oiseaux de proie? Allons donc! mais que faire?
Rolier dort, et Bezier ne veut pas se coucher à ses
côtés pour attendre la mort. Il ne veut pas non plus
l'abandonner. Il le sauvera. Rolier l'a bien sauvé
quand ils étaient perdus dans l'air!...

Bezier fait un lit de feuilles et de branches de sapins.
Il y dépose son ami, qu'il recouvre autant que possible pour qu'il n'ait pas froid, et part à la recherche
d'un être humain.

Ah ! qu'il a bien fait de ne pas désespérer! Au loin
apparaît une maisonnette. Il retourne à Rolier qu'il

réveille, ou plutôt qu'il ranime et lui montre ce toit hospitalier.

— Du courage, lui crie-t-il, pouvez-vous venir jusque là, ou voulez-vous que je vous porte?

— Non, dit Rolier en souriant, parce que je serais forcé de vous porter à mon tour.

Et tous les deux, titubant comme des gens ivres, la tête vide, la gorge en feu, parviennent jusqu'à la chaumière.

Ils frappent. Nul ne répond. Ils entrent. Personne. Ce qu'ils prenaient pour une habitation, n'est qu'une espèce d'abri pour les bergers, dans la bonne saison. Mais il y a là une grande quantité de foin sec; on y est à l'abri du vent et des loups, on peut y dormir enfin, et comme la nuit est venue, nos deux aéronautes se barricadent et se couchent.

Le lendemain matin, un gai rayon de soleil les réveille. Ils sont presque gais, mais ils meurent de faim et de soif.

— Si nous mangions du foin, se disent-ils en riant.

Ils se contentent de manger quelques brins d'herbe, qui trompent leur faim sans l'apaiser, mais comme leurs jambes sont bonnes, ils s'en serviront pour continuer leur course à la recherche d'un dîner. Ils s'en sont bien servi quand elles étaient mauvaises, pour trouver un gîte !

Et les voilà repartis semant sur les sentiers d'un pays qu'ils ne connaissent pas, cet esprit gaulois dont le plus petit Français a sa part.

— Dire qu'on mange à Paris ! s'écrie Rolier. Sont-ils heureux !...

— Nous aussi, répond Bezier, nous pourrions manger. Il ne s'agit que de trouver un restaurant, et j'en trouverai un. Je suis de la race de ceux qui, s'ils avaient été sur le radeau de la Méduse, y auraient déterré des truffes !...

Ils n'avaient plus froid, mais ils avaient bien faim et auraient échangé toutes les truffes du Périgord pour le moindre morceau de pain sec. Hélas ! il n'y avait pas plus de l'un que de l'autre. La grande plaine blanche s'allonge toujours devant eux, impitoyablement nue et silencieuse. Les loups commencent à paraître et gravement, les regardent passer, puis les suivent lentement. C'est que les forces des deux voyageurs s'épuisent, et qu'en voyant leur marche chancelante et embarrassée, les bêtes fauves ont flairé une proie facile, qui ne saurait bientôt leur échapper.

— Nous leur faisons venir l'eau à la bouche, dit Rolier.

— Pauvres bêtes ! réplique Bezier.

Au détour d'un sentier les loups disparaissent. D'où vient cette retraite aussi imprévue qu'anticipée?

C'est que Rolier a poussé un cri, en apercevant sur la neige les traces d'un traîneau.

Il était temps ; cette vue ranima leur courage, et narguant la fatigue, se moquant des loups qu'ils ont mis en fuite, rassurant d'un mot consolateur leur estomac qui crie famine, nos deux Français, légers, presque dispos, suivent la longue traînée que les fers des chevaux ont faite dans la neige.

Cette traînée les conduit en face d'une maisonnette qui semble habitée. Leur cœur bat violemment, et tremblants, ils frappent avec discrétion. Personne ne répond. Cependant une fumée épaisse sort de la cheminée. Tout indique qu'il y a eu là un être humain, cette fumée vient du foyer où cuit peut-être le repas des habitants absents pour leur travail. Du feu ? un dîner ? Entrons !....

— S'il n'y a pas de truffes, dit Bezier qui plaisante avec les larmes aux yeux et le désespoir dans l'âme, je ne donne rien au garçon !

La porte tourne sur ses gonds et l'un après l'autre ils entrent dans la cabane. Pas le moindre habitant, mais un bon feu brille dans l'âtre. La flamme se sépare en deux sous les flancs d'une large marmite, d'où sort un bruit de rissolement qui réjouit l'estomac des deux affamés.

La marmite était pleine de pommes de terre cuites à point !....

Sans réfléchir à la singularité de leur position et au peu de délicatesse de leur procédé, les voyageurs culbutent la marmite, s'emparent des pommes de terre et se brûlent les doigts et la langue pour les manger plus vite. Jamais de leur vie ils n'avaient fait un si bon repas!....

— Garçon, l'addition! s'écrie Bezier.

Et au même moment, comme si on l'avait entendu, plusieurs voix d'hommes répondent à une faible distance. Ce sont les hôtes de la chaumière qui reviennent du travail, et rentrent pour le repas du matin.

Les deux amis se lèvent et s'avancent au-devant des nouveaux venus. Ceux-ci s'arrêtent étonnés, mais sans crainte. Rolier les salue à la russe, c'est-à-dire en levant les bras au ciel; les paysans y répondent de même. Bezier s'efforce de leur faire comprendre qui ils sont et d'où ils viennent, mais c'est en vain ; ni les uns ni les autres ne peuvent s'entendre.

Enfin, dans un langage expressif emprunté au répertoire de la pantomime, Bezier exprime le désir de faire un nouveau repas. Les hôtes le comprennent et séance tenante s'empressent de servir un excellent déjeuner, dont les pommes de terre furent exclues et pour cause.

La position n'en était pas moins embarrassante. Les étrangers regardaient nos Français avec un air plutôt goguenard qu'inquiet, et ceux-ci repus et reposés, se sentaient gênés sous la persistance de ce regard muet mais interrogateur.

Il leur eût été bien difficile de sortir de cette position, si le hasard qui les avait sauvés, ne fût encore une fois venu à leur aide.

Rolier s'était déchaussé. Ses bottes séchaient devant l'âtre d'un côté, pendant que de l'autre il se réchauffait les pieds, que le froid et la marche avaient mis dans le plus piteux état.

Sur la tige des bottes s'étalait la marque du bottier :

R... fournisseur de l'Impératrice.

Paris.

Or, les paysans heureusement savaient lire. L'un d'eux examina attentivement cette inscription, la déchiffra et se leva en s'écriant :

— Paris? vo Frenck !

Et les autres en chœur de répéter avec la plus vive surprise :

— Paris! Paris! Vo Frenck! Vo Frenck !...

Rolier fit un signe d'assentiment et, montrant le ciel, s'efforça de faire comprendre à ses hôtes que c'était le chemin par lequel ils étaient venus.

Alors ce furent des cris de stupéfaction et de joie.

— Balloun ! Balloun ! dirent-ils avec une admiration et un respect qu'ils ne savaient comment exprimer, mais que les aéronautes comprenaient bien et qui les pénétraient de la plus vive reconnaissance.

Cependant ils ignoraient encore dans quelle partie de l'Europe ils se trouvaient et il n'était pas facile de le savoir. Leurs questions mimées restaient sans réponses. Rolier, pour mieux s'expliquer, chercha sur la table un objet quelconque avec lequel il pût exprimer sa pensée. Sa main heurta une boîte d'allumettes, sur un des côtés de laquelle étaient écrits ces mots :

Mildals laends tikker — il sund — CHRISTIANIA.

Le mot de l'énigme était trouvé. Ils étaient en Norwège!.....

Leur stupéfaction égalait celle de leurs hôtes. Ils croyaient rêver. De Paris en Norwège, en trente heures ! Quel voyage et que ne donnerait-il à penser à ceux qui, cherchant la direction des ballons, cherchent aussi le moyen d'en faire les rivaux des railways.

Si *la Ville d'Orléans* eût eu la force de se maintenir dans les couches d'air supérieur et de suivre les courants aériens qui l'entraînaient, où seraient-ils à cette heure ? N'auraient-ils pas dépassé les banquises des pôles, et peut-être parcouru à vol d'oiseau les deux Amériques ? Qui sait même, où le ballon sans sa nacelle était allé atterrir ?

Ces réflexions qui sillonnaient la pensée des voyageurs avec la rapidité d'un éclair, jetèrent un voile de tristesse sur leur joie. Le ballon est comme le navire. Sa perte est un immense deuil pour le capitaine. Mais aussitôt les aéronautes songèrent à leur patrie, dont ils étaient les ambassadeurs, et qui pouvait encore avoir besoin de leurs services. Ils se secouèrent de la torpeur que leur causait la digestion d'un repas trop copieux pour des estomacs privés de nourriture depuis si longtemps et coururent à la porte de la cabane, devant laquelle stationnait le traîneau de leurs hôtes.

Ils y montèrent en disant : Christiania! Christiania ! Les paysans comprirent, et montèrent à leur tour dans le traîneau qui les emporta au trot de vigoureux chevaux.

Quelques heures après, notre consul était prévenu de leur arrivée et sur tout leur parcours les populations accouraient pour voir ces hardis voyageurs dont le télégraphe leur avait appris la dangereuse odyssée.

Partout sur leur passage, Rolier et son compagnon furent l'objet des plus enthousiastes ovations, qui chatouillaient agréablement leur orgueil de Français.

A Kongsberg, à Hongsund, à Drammen, ils furent reçus comme des héros au retour d'une victoire.

Leur voiture passait sous une double haie de drapeaux norwégiens et français s'inclinant sur leur tête, aux sons de l'hymne national et de la Marseillaise. Les femmes surtout les acclamaient. Les enfants marchaient près d'eux pour toucher leurs vêtements ou les embrasser. On les contemplait avec des larmes et des sourires. Et pendant ce temps, les aéronautes pensaient à la France, meurtrie, écrasée, se demandant si l'écho de ces ovations en parvenant jusqu'à elle, ne mettrait pas un peu de baume sur ses blessures !

Leur entrée à Christiania fut un triomphe, une foule immense accourut vers leur voiture et l'escorta en criant : Vive la France ! Vive la belle France !... Une députation de dames de la ville les attendait à leur hôtel, avec d'énormes bouquets. Des jeunes filles vêtues de blanc leur présentaient un bouquet tricolore. Des femmes du peuple tendaient leurs petits enfants, et criaient en pleurant :

— Bénissez-les, pour qu'un jour ils soient braves comme des Français !

Puis ce fut le tour des étudiants, qui défilèrent en chantant la Marseillaise et le Chant du départ.

Le soir, la ville était illuminée, un banquet de quinze cents couverts fut offert aux voyageurs et le poète norwégien, Jonas Lie, chanta un hymne national qu'il avait composé en l'honneur de la France.

Cet accueil témoigne des sentiments d'admiration que l'Europe éprouvait pour les défenseurs de Paris. La Belgique, l'Angleterre et la Suisse ne les ménageaient pas aux aéronautes que le hasard du voyage conduisait chez elles. Comme la Norwège, la Hollande les recevait avec une explosion d'enthousiasme, qui prouvait combien elle plaignait les vaincus et blâmait les vainqueurs.

Quelque temps après, l'Europe indignée, mais impassible et muette, assistait à un spectacle tout différent. On a vu ce qu'il était advenu de *la Ville d'Orléans* en Norwège, voici ce qu'il advint du *Général Chanzy* en Prusse, où le malheur voulut que ce ballon tombât après avoir fait courir à ses aéronautes les plus grands dangers.

Le *Général Chanzy* partit de la gare du Nord le 20 décembre à deux heures du matin. Le ciel était sombre et des rafales terribles de vent balayaient le sol. Dès le départ, ceux qui montaient l'aérostat entrevirent le danger et dans leur conscience se crurent perdus.

Dans la nacelle se trouvaient Verrecke le capitaine, aéronaute de profession et trois amateurs, Lepinay, Jonfryon et Julliac. Verrecke avait donc une grande responsabilité. Il tenait en main outre les dépêches du gouvernement qui pouvaient être le salut de la France, la vie de trois personnes. Et celles-ci inexpérimentées, déjà affolées par la tempête, commençaient à perdre la tête en se sentant emporter dans la nuit noire avec une vitesse de trente lieues à l'heure !...

Vers cinq heures du matin, ils entendent des voix leur crier en allemand : « Par ici, mes amis, descendez !... » Croyant être sur un camp prussien et connaissant la bonne foi de nos ennemis, ils jettent un sac de lest et le ballon s'enlève hors de cette contrée, qui tendait ses bras hospitaliers aux Français. Ils étaient en effet sur le Luxembourg, mais ne pouvaient penser qu'ils eussent franchi en si peu de temps une telle distance !...

Les voix s'éteignirent. Le silence redevint terrible et le vent plus violent. Pour comble de malheur, la neige tombait en masse et s'attachait au ballon. Il faisait un froid glacial contre lequel ils n'avaient pour les protéger que des vêtements insuffisants.

Enfin le jour arrive, on choisit un endroit favorable pour prendre terre, et on se rapproche peu à peu du sol, mais soudain apparaissent les casques pointus des soldats allemands poursuivant le ballon. Le *Général Chanzy* remonte et file ses trente lieues à l'heure. Malheureusement, il ne peut se maintenir à la même hauteur et au moment où les voyageurs s'y attendaient le moins, ils sont lancés à terre dans les champs.

« Le ballon, raconte M. Verrecke, faisant voile nous entraîne dans la rivière. La nacelle disparaît dans l'eau avec nous. Je prends le dernier sac de lest que j'ai la présence d'esprit de jeter à l'eau ; le ballon se relève, nous sommes entraînés de l'autre côté de la rivière. Là, se trouvent de hautes montagnes. Nous allons nous jeter avec toute notre vitesse contre d'énormes rochers. A la première secousse, j'ai une côte enfoncée, le sang me part de la bouche. Un de mes compagnons s'est coupé la langue avec les dents. L'ancre qui traîne à notre suite brise tout sur notre passage et finit par s'accrocher à un gros arbre qu'elle arrache de terre. Cet arbre est traîné avec nous. C'était horrible à voir. Nous passons au-dessus des montagnes et retombons de l'autre côté.

A chaque instant, nous recevions des coups terribles. La corde de la soupape flotte en avant, je monte debout sur la nacelle, mais à ce moment, le ballon frappe contre un arbre, me lance à terre. Je reste sans connaissance pendant longtemps. Quand je revins à moi, le ballon avait disparu avec ses malheureux voyageurs.

En se relevant, Verrecke se trouve sur le bord d'une grande forêt. La terre est couverte de neige. Affaibli par la perte de sang, il peut à peine faire quelques pas. Un homme vient à lui et brutalement :

— Que faites-vous ici, dit-il en allemand. Vous êtes Français ? Allons, venez avec moi.

Verrecke, qui comprend et parle l'allemand, réplique froidement, tout en tirant son couteau :

— Prenez garde ! Je vois que j'ai affaire à un Prussien ou à un Bavarois, et je ne me laisserai pas toucher par un ennemi de ma patrie.

L'homme a peur, il se sauve, mais au même instant d'autres voix se font entendre. C'est du renfort qui arrive à son secours. Le malheureux blessé se sauve dans le bois. Il rencontre une femme qui se sauve à son aspect, malgré ses supplications. Les cris de cette femme vont ameuter tout le village et indiquer aux premiers chasseurs le chemin suivi par le gibier qu'ils pourchassent.

Verrecke, dont les forces s'épuisent, sent qu'il ne pourra les éviter. Il détruit les dépêches du gouvernement qu'il avait en poche et enfouit tous ces petits morceaux de papier dans la neige, puis il se couche au pied d'un arbre, où il attend ses ennemis et la mort.

C'est là que le trouvent une foule de soldats, de gendarmes, de bourgeois et de femmes, qui se disputent à qui se jettera le premier sur leur victime. A coups de crosse, à coups de poing, à coups de pied, on force Verrecke à se relever, en lui criant : A mort l'espion, tue, tue le maudit Français, le franc-tireur ! »

Il a beau leur demander comme une grâce de le fusiller et de ne pas le faire souffrir, c'est en vain. Les bourgeois sont les plus acharnés, ils lui prennent son manteau, son argent, sa montre, tout ce qu'il a sur lui, et les soldats l'entraînent au village de Roshambourg, où on arrive, après une heure de marche et de tortures, au milieu d'une foule qui jette des pierres en criant toujours : « A mort l'espion ! »

Ce mot d'espion fait bondir de colère Verrecke qui relève la tête et regardant fièrement cette foule sauvage et féroce leur dit :

— Non, pas un espion, mais un soldat qui a voulu risquer sa vie pour la France. Vive, vive la France !

Puis il est conduit devant le général qui s'efforce d'obtenir les dépêches du gouvernement. Ses menaces, ses intimidations ne peuvent en avoir raison. Les gendarmes l'emmènent au corps de garde et, après l'avoir laissé reposer quelques heures sur un lit de camp, le réveillent brusquement, en lui ordonnant de les suivre.

La neige tombait à gros flocons et la nuit était noire. Cependant dans un coin de la cour il aperçoit un peloton de soldats. Verrecke s'attendait à être fusillé, aussi voyant le moment venu, fait-il bonne contenance. Mais on se contente de le mettre au milieu du peloton et de le reconduire chez le général, où il retrouve ses trois compagnons, pris à dix-sept kilomètres de là. Ils avaient l'air d'avoir beaucoup souffert, mais en revoyant leur ami vivant, ils ne peuvent contenir leur joie.

L'interrogatoire recommence. C'est Verrecke qui répond. Lui seul est aéronaute. Les trois autres sont des voyageurs, partis pour échapper au siège de Paris. Ces réponses sont loin de satisfaire le général, qui fait réintégrer en prison les quatre voyageurs.

Le lendemain dès l'aube, on les en fait sortir pour les conduire à Munich. La station est envahie par une foule de curieux ; les cris et les hostilités recommencent dès qu'on les voit paraître. Le train qui les emporte, au grand regret de la foule prête à écharper ces canailles de Français, ne s'est pas fait attendre heureusement.

— A mi-chemin, dit M. Verrecke dans la relation de cette douloureuse odyssée, un changement de train nous obligea de descendre dans une salle d'attente, où nous retombâmes au milieu d'une foule qui nous prodigua l'insulte, au point que les soldats de notre escorte avaient toutes les peines du monde à nous protéger.

A une heure du matin, nous arrivâmes à Munich, où notre capture avait dû être annoncée, car plus de mille personnes nous attendaient, qui couraient après nous dès que nous fûmes descendus, hurlaient et criaient : « Demain on vous fusillera, brigands de francs-tireurs, espions, etc. » Tout cela s'adressait plus directement à moi qu'à mes compagnons.

Au même instant je reçois un coup de poing en pleine figure. Le sang en jaillit. M. Lepinay reçut le même outrage, plus avilissant pour celui qui le donne que pour celui qui le reçoit.

La colère me fit perdre mon sang-froid et me retournant vers la foule, je traitai cette horde infâme d'assassins et de canailles, qui osait ainsi répudier tout sentiment d'humanité, en maltraitant de pauvres prisonniers blessés (car nous l'étions tous).

Le paroxysme de la colère et de l'indignation fit sortir de ma bouche les plus violentes invectives contre cette horde barbare, qui n'était cependant pas composée de gens auxquels on donne si gratuitement le nom de populace ?

Les voyageurs et le capitaine du *Général Chanzy* ne furent pas fusillés ; on les interna à la prison militaire, et deux mois après la signature de la paix on leur rendit la liberté.

Bien que les départs de Paris aient été nombreux, les Prussiens ne réussirent pas souvent à gêner les aéronautes dans leur mission. Le redoutable hiver de 1870, qui ajoutait encore aux horreurs du siège, semblait avoir réservé pour d'autres la violence de ses tempêtes.

Si l'on consulte la statistique, elle donne soixante-quatre ascensions. Quatre ballons ont été pris par l'ennemi, ce sont la *Bretagne*, le *Niepce*, le *Daguerre*, le *Galilée*, indépendamment du *Général Chanzy* cité plus haut.

La *Bretagne*, qui était destinée à ouvrir la série des catastrophes aériennes, partit le 27 octobre de la Villette, à midi, en même temps que le *Vauban*. Ce dernier, qui emportait deux personnes : le capitaine et un éleveur de pigeons, tomba près de Verdun dans un district occupé par les Prussiens; après un traînage qui fit des blessures assez graves à l'éleveur, l'aéronaute, Bavarois de naissance, put se tirer d'affaire grâce à sa facilité de parler la langue allemande.

Mais les péripéties de ce voyage ne sont rien auprès de celui de la *Bretagne*. Ce ballon appartenait à une entreprise particulière. Le capitaine se nommait Cuzon : il avait avec lui trois passagers, MM. Wœrth, Manceau et Hudin.

Après avoir navigué dans une direction qui lui semblait dangereuse, M. Cuzon eut envie de descendre. Bien que M. Manceau protestât, il donna deux coups de soupape et le ballon ne tarda pas à se rapprocher de terre, où il fut reçu par une fusillade bien nourrie.

La panique s'empare des voyageurs. M. Wœrth

s'élance hors de la nacelle qui rasait terre et tombe sans se faire mal sur le gazon d'une vaste prairie. C'était manquer aux règles de la discipline et de la solidarité, c'était aussi très imprudent, puisqu'il tombait au milieu d'ennemis impitoyables pour tout ce qui venait des aérostats.

M. Wœrth, sujet anglais, se croyait à l'abri des vengeances prussiennes. Il n'en fut rien. Malgré ses réclamations et les instances de son gouvernement, l'Allemagne le garda prisonnier jusqu'à la fin de la guerre.

Le ballon, allégé par le poids du déserteur, se redressa avec rapidité et aurait remonté à une grande hauteur, si M. Cuzon n'avait donné de nouveaux coups de soupape. Le ballon ne tarde point à descendre. MM. Cuzon et Hudin, se voyant à portée, sautent à terre, sans se préoccuper de M. Manceau qui, resté seul dans la nacelle, est entraîné dans la direction des nuages, où il pénètre au milieu d'une pluie abondante et d'un froid excessif.

Le malheureux, abandonné, a cependant la présence d'esprit de tirer sur la corde de la soupape et, retombant avec rapidité, il arrive bientôt à une prairie. Mais, entraîné par l'exemple, il saute sans calculer la hauteur, tombe de treize mètres de haut et se casse la jambe. Quant au ballon qui a rebondi, il va s'aplatir à quelque distance.

M. Manceau souffre horriblement, au milieu d'un marécage et dans l'obscurité, car la nuit est venue. Il se traîne à la nage et à quatre pattes, vers un endroit où il aperçoit de la lumière. Ce sont des paysans qui, en le voyant sortir de l'obscurité, veulent le mettre en pièces. Le curé du village arrive et le sauve. On le transporte dans une cabane; on le couche, on le soigne et le curé commande une escouade de paysans, qui va à la recherche du ballon pour sauver les dépêches.

Eh bien! qui le croirait? Il s'est trouvé un homme, un Français, qui a trahi son pays comme Judas a trahi son Dieu, et qui, par peur, par orgueil, par lâcheté, est allé au quartier de Frédéric-Charles dénoncer ce qui était arrivé à quelques kilomètres de Metz.

Les dépêches avaient été sauvées par le curé et envoyées à Tours, mais il restait un des aéronautes, c'est lui que le lendemain des hommes du 4ᵉ uhlans vinrent non pas arrêter, mais enlever!

Ces misérables l'obligent, à coups de crosse de fusil, à se traîner malgré sa blessure, jusqu'à Mayence, où il arrive dans un état affreux. Mis au cachot, on l'oublie au point de ne pas lui donner à manger de deux jours. Enfin, on procède à son interrogatoire et le malheureux était fusillé, s'il n'avait eu en poche un contrat prouvant qu'il était simple négociant.

Les Prussiens se sont pourtant humanisés. M. Manceau a pu se guérir de sa blessure et, au lieu de garder la prison, a été interné dans la ville. M. de Bismark poussa même la prévenance jusqu'à faire connaître à madame Manceau, à Paris, la captivité de son mari.

Le *Niepce* et le *Daguerre*, partis tous deux le même jour, ont couru de grands dangers.

Les deux ballons ont fait route ensemble au-dessus des nuages. Les voyageurs des deux nacelles ont pu échanger des signaux dans les airs. Les passagers du *Niepce* ont vu le *Daguerre* atterrir. Ils ont aperçu les Prussiens qui se jetaient à sa rencontre pour s'en emparer. Le *Niepce*, lui, fut plus heureux. Il descendit tout près de l'ennemi, mais put sauver ses dépêches et son matériel. Il y avait là des caisses d'appareils photographiques, qui ne demandèrent pas moins de huit jours pour le sauvetage.

Le *Galilée* tomba près de Chartres. Les Prussiens se sont emparés de l'aéronaute et des dépêches. Le passager, M. Étienne Antonin, a pu échapper aux ennemis.

Deux ballons se sont perdus en mer. Ce sont le *Jacquard* et le *Richard Wallace*.

Le *Jacquard* était monté par un marin. Il se nommait Prince et, quand il monta seul dans la nacelle, il salua le public et s'écria avec enthousiasme :

— Je veux faire un voyage immense ! on parlera de mon ascension.

Le *Jacquard* au-dessus de l'Océan.

Il s'éleva lentement à onze heures du soir par une nuit noire. On ne l'a jamais revu depuis.

Un navire anglais aperçut, en vue de Plymouth, le ballon qui paraissait sombrer dans l'Océan.

« Quel drame épouvantable a dû torturer l'esprit de l'infortuné Prince, avant de trouver la plus horrible des morts. Seul, du haut des airs, il contemple l'étendue de l'Océan où fatalement il doit descendre. Il compte les sacs de lest et ne les sacrifie qu'avec une parcimonie scrupuleuse, chaque poignée de sable est un peu de sa vie qui s'en va!... Il arrive, ce moment suprême, où tout est jeté par dessus bord. Le ballon descend, se rapproche du gouffre immense. La nacelle se heurte sur la cime des vagues, elle n'enfonce pas, elle glisse à la surface des flots, entraînée par le globe aérien, qui se creuse comme une grande voile. Pendant combien de temps durera ce triste voyage? Il peut se prolonger jusqu'à ce que la mort saisisse l'aéronaute par la faim, par le froid peut-être! Quel épouvantable et navrant tableau, que celui de ce voyageur perdu dans l'immensité de la mer! Il cherche au loin un navire, jusqu'au dernier moment il espère le salut!... »

Le *Richard Wallace* était monté par un soldat, Lacaze. Lui aussi était seul, son ballon s'est perdu en mer, en vue de La Rochelle.

Il est difficile d'expliquer la cause de ce malheur, dit M. G. Tissandier. L'aérostat monté par M. Lacaze

a presque touché terre en vue de Niort. On a crié à
l'aéronaute de descendre, mais il est reparti dans les
hautes régions de l'air, après avoir vidé un sac de
lest. Il a été vu à La Rochelle, à une grande hauteur.
Au lieu de descendre vers le rivage de la mer, il a
continué sa course vers l'Océan, où on l'a vu se perdre à l'horizon.

L'infortuné Lacaze n'a-t-il pas pu trouver la corde
de soupape pour descendre? s'est-il évanoui dans la
nacelle? c'est ce qu'on ne saura jamais. Ses restes
ont aujourd'hui pour tombeau l'immensité des flots !

Pauvre Prince, brave marin; pauvre Lacaze, brave
soldat, l'histoire enregistrera vos noms sur la liste des
hommes de cœur, qui dans les moments suprêmes
savent noblement mourir pour la patrie !...

On peut affirmer que les ballons ont puissamment
contribué à la prolongation du siège de Paris; s'ils ont
été des sujets d'admiration pour la France, ils ont sus-
cité la jalousie de l'Allemagne. Profondément surpris
des merveilles de la poste aérienne, M. de Bismark
lui-même a dû se dire plus d'une fois :

— Maudits ballons ! Ils nous font bien du tort.
Grâce à eux, Paris parle à la province. Et ne pouvoir
l'empêcher. Décidément, ces diables de Français sont
bien ingénieux !...

L'Océan avait rendu les dépêches que les aéronautes de la *Ville d'Orléans* avaient été forcés d'a-

bandonner dans le terrible voyage accompli avec les péripéties que nous avons racontées au début de ce chapitre, de sorte qu'à leur retour MM. Rolier et Bezier purent s'assurer que rien n'était perdu, ni pour la France ni pour les Français. La tempête à son tour était vaincue par un aérostat !

Ah ! que tous ceux dont les ballons ont soulagé les angoisses pendant le siège, aient une pensée de reconnaissance pour ces aéronautes, soldats, marins, négociants, qui s'exposaient aux plus cruels dangers, au nom de la famille, au nom de la patrie, et qui ne demandaient pour récompense que l'honneur de se dévouer.

Respect à cet art encore informe, qui a permis d'alléger les heures tristes du siège et de prolonger l'agonie de la grande cité ! Honneur à cette idée grandiose de Montgolfier, qui suivant la marche du progrès est peut-être destinée, dans les décrets de la Providence, à régénérer le monde !

CHAPITRE VIII

Le Zénith

MORT DE CROCÉ-SPINELLI ET DE SIVEL.

Le 15 avril 1875, à 11 heures 35 minutes du matin, le ballon *le Zénith* partait de l'usine à gaz de la Villette, emportant dans les airs MM. Crocé-Spinelli, Sivel et Gaston Tissandier.

La société de navigation aérienne avait organisé des ascensions de durée et de hauteur. La première avait été heureusement exécutée. Le *Zénith*, parti de Paris, était tombé après un voyage de vingt-trois heures, à Montplaisir dans les Landes. La seconde restait à accomplir. C'est celle-là dont nous allons raconter les péripéties.

Trois heures après un départ effectué au milieu d'un flot de lumière, emblème de la joie et de l'espérance, le *Zénith* ramenait à terre deux morts et un mourant. L'asphyxie avait frappé de mort Crocé-Spi-

L'ascension du *Zénith*.

nelli et Sivel, ces disciples de la science et de la vérité.
Leur compagnon miraculeusement échappé au trépas,
fou de douleur, encore sous l'impression de la sombre
et grandiose scène dont il a été plutôt acteur que spectateur, a eu le courage de chasser ces tristes souvenirs et ces sombres visions, pour léguer à la science
les faits recueillis pendant l'exploration et tout ce qu'il
savait sur la mort de ses infortunés et glorieux amis !...

Grâce aux notes de ce courageux explorateur prêt à
reprendre, fût-ce au même prix, l'œuvre interrompue
des deux martyrs, nous avons pu reconstruire le récit de cette ascension, à laquelle la science attachait
tant d'importance et dont la sympathie publique a
seule enregistré les résultats.

Le *Zénith* s'était d'abord élevé avec une vitesse de
deux mètres environ, par seconde, jusqu'à 3,500 mètres ; là, ralentissant un peu pour reprendre son vol vers
le firmament, il parvint en peu de temps jusqu'à 5,000
mètres, sous la chute constante de lest et sous l'action d'un soleil brûlant.

Déjà le gaz s'échappait avec force de l'appendice
béant au-dessus de leurs têtes. L'odeur était pronon-
cée, mais les aéronautes n'en paraissaient pas incom-
modés. Crocé-Spinelli seul, un peu oppressé, sentait
une légère douleur dans les oreilles. Aussi s'écrie-t-il :

— Vite, à l'aspirateur, à l'acide carbonique !

Autour de la nacelle étaient disposés, attachés au

cercle, trois ballonnets remplis d'un air mélangé à 78 pour 100 d'oxygène. A la partie inférieure de chacun d'eux, un tube de caoutchouc traversait un flacon laveur, rempli d'un liquide aromatique. Cet appareil contenait, pour les voyageurs, le gaz comburant nécessaire à l'entretien de la vie. Un aspirateur rempli d'essence de pétrole que l'abaissement de la température ne peut solidifier était suspendu en dehors de la nacelle ; arrimé verticalement, il devait faire passer de l'air dans des tubes à potasse, destinés au dosage de l'acide carbonique.

A portée de la main autour de la nacelle étaient suspendus des sacs de lest qui se vidaient d'eux-mêmes en coupant la mince cordelette qui les retenait. Il y avait en outre deux baromètres anéroïdes, vérifiés le matin sous la machine pneumatique et donnant, le premier, les pressions correspondant aux altitudes de 0 à 4,000 mètres, le second, celles de 4 à 9,000 mètres. Puis un thermomètre à alcool rougi pouvant descendre jusqu'à 30°, un second thermomètre à minima et à maxima fixé à la soupape dans l'axe vertical de l'aérostat, et qu'une corde faisait monter et descendre au milieu de la masse de gaz.

Au-dessus, dans une boîte scellée, étaient enfermés les huit tubes barométriques témoins, bien emballés et destinés à fournir au retour des indications précises sur le maximum de hauteur atteint par les voyageurs.

Enfin le matériel scientifique était complété par des cartes, des boussoles, des jumelles et des questionnaires imprimés, qui devaient être lancés de la nacelle, ainsi que de l'instrument à faire le point, de M. Penaud.

A l'appel de Crocé-Spinelli, Tissandier dispose son expérience, pour faire passer 70 litres d'air dans les tubes à potasse, de 4,000 à 6,000 mètres. Ces tubes devaient être brisés à la descente !...

L'aérostat atteint 7,200 mètres, à une heure vingt minutes. Le soleil est ardent, le ciel resplendissant, de nombreux cirrus s'étendent à l'horizon, dominant une buée opaline qui forme un cercle immense autour de la nacelle. Les aéronautes commencent à respirer l'oxygène, qu'ils avaient déjà essayé, pour se convaincre que leurs appareils étaient bien disposés et fonctionnaient convenablement.

Ce mélange d'air et d'oxygène ranime leur être déjà tout oppressé, et produit sur eux un excellent effet.

Alors une vague expression de tristesse se répand sur les traits de Crocé-Spinelli, en regardant son ami Tissandier. Il se rappelle avoir insisté avec énergie pour que ce dernier fît partie de l'ascension à grande hauteur avec Sivel et lui.

— Il faut être au moins trois, s'était-il écrié devant la société de navigation aérienne, pour mieux confirmer les résultats. Et qui sait? un accident peut survenir. Six bras valent mieux que quatre. D'ailleurs il faut que Tissandier respire l'oxygène dans les hautes régions, pour affirmer comme nous que cela est efficace, que cela est nécessaire.

Et Tissandier ajoute :

— Crocé-Spinelli avait un ardent amour de la vérité et il ne pouvait admettre, lui si franc, si loyal, que l'on mît en doute ses affirmations.

Mais les deux aéronautes se sont regardés. Un sourire mutuel les rassure. D'ailleurs Crocé-Spinelli est tiré de ses préoccupations intimes, par l'aspect splendide de la mer éthérée qui les environne, océan de lumière, abîme insondable, dont la science qui y plonge pour en connaître les mystères n'a pu surprendre les ténèbres, sphinx implacable qui dévore ceux qui l'interrogent et n'a peut-être dit son dernier mot qu'à ceux qu'il a dévorés !...

Tout à coup rayonnant de joie Crocé s'écrie :

— Il y a absence complète des raies de la vapeur d'eau.

Et l'œil fixé sur son spectroscope il continue ses observations avec une telle ardeur qu'il ne s'occupe plus de ses compagnons, que pour leur dicter le résultat de ses lectures du baromètre et du thermomètre.

L'aérostat montait, montait toujours. L'heure arrivait, où les aéronautes allaient être surpris par la sensible influence de la dépression atmosphérique.

Sivel, d'une force physique peu commune et d'un tempérament sanguin, était devenu lourd et un peu pâle; ses yeux se fermaient malgré lui. Mais cette faiblesse ne dura pas longtemps. Il jeta encore du lest, et sous ce nouveau coup de fouet, l'aérostat bondit en avant. Sivel avait été l'an dernier à 7,300 mètres. Il voulait, cette année, monter à 8,000 mètres et nul obstacle ne pouvait entraver ses desseins.

Nous laissons un moment la parole à M. Tissandier afin de ne pas affaiblir l'intérêt de la première scène de ce drame poignant:

— Nous sommes tous debout dans la nacelle. Sivel un moment engourdi s'est ranimé. Crocé-Spinelli est immobile en face de moi. « Voyez, me dit ce dernier, comme ces cirrus sont beaux! » C'était beau en effet, ce spectacle sublime qui s'offrait à nos yeux. Des cirrus de formes diverses, les uns allongés, les autres légèrement mamelonnés, formaient autour de nous un cercle blanc d'argent. En se penchant en dehors de la nacelle, on apercevait comme au fond d'un puits dont les cirrus et la buée inférieure eussent formé les parois, la surface terrestre qui apparaissait dans les abîmes de l'atmosphère. Le ciel loin d'être noir et foncé était d'un bleu clair et limpide, le soleil ardent nous brûlait le visage. Cependant le froid commençait à faire sentir son influence et nous avions, antérieurement déjà, placé nos couvertures sur nos épaules. L'engourdissement m'avait saisi, mes mains étaient froides, glacées. Je voulais mettre mes gants de fourrure, mais, sans en avoir concience, l'action de les prendre dans ma poche nécessitait de ma part un effort que je ne pouvais pas faire !

Mais le *Zénith*, bondissant dans l'espace, où il trace çà et là des sillons capricieux, est parvenu à une assez grande hauteur pour que Sivel, qui jusqu'à présent, les yeux fermés, était resté pensif et immobile, se rappelle soudain qu'il veut dépasser 8,000 mètres. Sa figure énergique s'éclaire subitement d'un éclat inaccoutumé et il demande d'une voix ferme :

— Quelle est la pression?

Tissandier consulte le baromètre et répond :

— Trente (7,450 mètres d'altitude environ).

Sivel hésite un moment, mais il se redresse et dit froidement :

— Nous avons beaucoup de lest. Je vais en jeter. Voulez-vous ?

— Faites ce que vous voudrez, répond Tissandier.

Crocé-Spinelli ne peut parler, mais il baisse la tête avec énergie pour signifier son affirmation.

Le sort en est jeté. Le *Zénith*, allégé de trois sacs de lest que Sivel a coupés, prend un élan rapide et bondit vers les sphères éternelles que la poésie a tant

chantées et que la science connaît si peu ! Sivel, la
main en l'air, semble les désigner à ses amis.

Dès lors, les aéronautes perdent à peu près l'usage
de leurs mouvements. L'engourdissement s'empare
de tout leur être. L'esprit s'affaiblit peu à peu, graduellement, insensiblement, sans qu'ils en aient
conscience. Non pas qu'ils souffrent en aucune façon,
au contraire ils éprouvent une joie intérieure, effet
peut-être du rayonnement de lumière qui les inonde.

« On devient indifférent, on ne pense plus ni à
la situation périlleuse, ni au danger, on monte et on
est heureux de monter. Le vertige des hautes régions n'est pas un vain mot. Mais, autant que je
puisse en juger par mes impressions personnelles,
ce vertige apparaît au dernier moment, il précède
immédiatement l'anéantissement subit, inattendu,
irrésistible. »

Ainsi parle le seul survivant de ce drame, dont
nous ne faisons qu'entrevoir l'horrible.

En effet, dès que Sivel eut coupé les trois sacs de
lest, le *Zénith* s'éleva rapidement, anéantissant en
quelques secondes les forces des trois jeunes gens.
Sivel et Crocé-Spinelli étaient évanouis au fond de la
nacelle ; Tissandier, appuyé contre le bord de l'esquif,
n'avait plus ni voix, ni regard.

Cependant l'esprit de ce dernier est encore très
lucide, il considère toujours le baromètre dont l'ai-

guille dépasse 280 de pression. Il veut s'écrier :
« Nous sommes à 8,000 mètres », mais sa langue est
paralysée et à son tour il tombe évanoui à côté de ses
compagnons.

Il est environ une heure trente minutes.

Quand il se réveille, car ce n'est qu'à lui que nous
pouvons nous adresser pour savoir ce qui s'est passé,
son chronomètre marque deux heures huit minutes
et le ballon descend rapidement.

Tissandier coupe un sac de lest pour arrêter la
vitesse et écrit sur son registre de bord :

« Nous descendons, température — 8° Je jette
lest. II. — 315. Nous descendons. Sivel et Crocé encore évanouis au fond de la nacelle. Descendons
très fort.

A peine a-t-il écrit ces lignes qu'il retombe évanoui. Un vent très violent de bas en haut dénote une
descente rapide. Le *Zénith* semble s'enfuir avec joie
de ces régions, où ses conducteurs ont failli trouver
la mort. Il se hâte de redescendre pour leur apporter le salut et les rendre à la vie.

Le salut ? la vie ? A quoi bon, puisque le pro-
blème n'est pas résolu ? Crocé-Spinelli s'est ranimé.
Il parle à Sivel, qui ne lui répond pas, il secoue
Tissandier qui ne peut ouvrir les yeux. Il murmure :

— Jetez donc du lest ! Vous voyez bien que nous
descendons.

Les deux compagnons ne sauraient lui répondre.
Ils n'ont pas entendu. Lui-même ne peut se remuer, il se traîne vers les sacs de lest qui restent et
les coupe. Ce n'est pas assez. L'aérostat descend
toujours. Crocé lance par dessus bord l'aspirateur,
les couvertures, la boîte des tubes à potasse. Alors
le *Zénith* délesté, remonte encore une fois dans les
hautes régions, emportant ses conducteurs inertes et
comme endormis du sommeil éternel.

Crocé comprend le danger à l'inertie complète qui
menace ses membres, et qui engourdit ses compagnons, il cherche la corde de la soupape; il va la tirer, mais il n'a pas la force de le faire et le malheureux retombe inanimé.

Cette fois, le *Zénith*, comme un cheval qui a pris
le mors aux dents et jeté son conducteur par terre,
ne se sentant plus bridé ni retenu, monte avec autant de rapidité qu'il descendait tout à l'heure.

Quand Tissandier rouvre les yeux, il est étourdi.
affaissé, mais son esprit se ranime. Il appelle ses
compagnons, personne ne lui répond. Cependant
par une manœuvre hardie, il arrête le *Zénith* dans sa
course et bientôt l'aérostat redescend avec une vitesse effrayante. La nacelle est fortement balancée
et décrit de grandes oscillations. Le vent souffle
avec rage contre l'esquif qu'il menace de renverser.

Tissandier, à genoux, immobile, ne voit rien, ne

sent rien, n'entend rien. Il est entre ses deux compagnons qu'il tire par le bras. Sa gorge sèche laisse à grand'peine passer cet appel déchirant :

— Sivel ! Crocé ! Réveillez-vous !

Ils ne se réveillent pas ; accroupis dans la nacelle, la tête cachée sous les couvertures de voyage, ils ont déjà la rigidité cadavérique. Tissandier n'ose s'en approcher tant il craint l'affreuse vérité. Enfin, rassemblant ses forces, il essaie de les soulever. Sivel a la figure noire, les yeux ternes, la bouche béante et remplie de sang. Crocé a les yeux à demi fermés et la bouche ensanglantée : tous deux sont morts !

Qu'on s'imagine la douleur et l'épouvante de Tissandier, se retrouvant à six mille mètres dans l'espace, en face de deux cadavres, à moitié cadavre lui-même de corps et d'esprit ?...

Ce n'était guère l'horreur de sa situation personnelle qui le préoccupait et paralysait le peu de force qui lui restait. Il ne songeait pas aux dangers qu'il pouvait courir et qu'il courrait indubitablement, si le vent redoublant de violence emportait le *Zénith* et le traînait à terre, sans pitié pour le vivant, sans respect pour les morts.

Il se voyait forcé de surveiller la descente de l'aérostat et de se livrer seul à une manœuvre pénible et difficile, en piétinant sur les corps de ses deux malheureux compagnons, qui peut-être avaient encore dans les poumons un souffle de vie, et dans la tête un dernier éclair de raison.

Mais s'il y avait espoir de les sauver, ce n'était pas dans cette nacelle étroite, loin de tout secours, qu'on pourrait y parvenir. Il fallait donc hâter la descente, en redoubler la rapidité, quitte à se briser soi-même contre terre.

Et le malheureux, surexcité, affolé, continue à appeler ses amis, jette les sacs de lest qui pendent à la nacelle et enfin voyant la terre se rapprocher, saisit son couteau pour couper la cordelette de l'ancre.

Impossible de la trouver.....

Ah! laissons parler Tissandier, ce serait affaiblir la partie la plus intéressante de ce récit.

— On jugera de l'état de surexcitation où je me trouvais à la descente par le fait suivant. Quand j'ai tranché la corde qui retenait l'ancre, avec le couteau que je tenais de la main droite, je me coupai en même temps l'index de la main gauche, sans le sentir d'aucune façon. La vue du sang m'a seule arrêté. Les manœuvres de la descente, le lancement de l'ancre au moment voulu, l'ouverture de la soupape pendant le traînage, ont été faites en quelque sorte instinctivement. grâce à l'habitude acquise dans mes précédents voyages. Je ne publie ces détails que parce qu'ils me semblent offrir un intérêt physiologique. Cet état de surexcitation fébrile, suivi d'un affaissement, est-il le résultat de l'influence de l'asphyxie, ou celui du saisissement, qu'avait fait naître en mon esprit la vue de mes infortunés amis, morts si subitement et d'une façon si terrible? Il provenait peut-être de ces deux causes réunies.

L'ancre une fois détachée, le choc à terre fut de la plus grande violence. Heureusement que Sivel avait eu la précaution de matelasser le fond de la nacelle avec un lit de paille, mais la nacelle n'en rebondit pas moins jetant pêle-mêle, les uns contre les autres les morts et les vivants.

L'aérostat qui s'était un instant aplati, se releva et d'un bond rapide, poussé par le vent, commença une course vertigineuse, traînant la nacelle qui glissait à plat sur les champs.

L'ancre ne mordait pas, et dans ce cahotement, Tissandier n'était pas encore parvenu à saisir la corde de la soupape. Quand il put la saisir, le ballon s'éventrait contre un arbre et le survivant, livide, fébrile, se soutenant à peine, mettait enfin pied à terre et s'évanouissait sur les cadavres de ses amis.

Il était quatre heures!....

Quatre heures! Et à midi, ils s'en allaient pleins de joie et d'espérance, souriant au soleil, souriant à la vie! La science les avait livrés, jeunes, forts, insouciants, aux mystérieux dangers de l'atmosphère qui, sans doute jalouse de ses secrets, avait foudroyé les malheureux, avides de les surprendre.

C'en était fait! Sivel et Crocé-Spinelli étaient bien morts, et debout, atterré, sanglotant, Tissandier qui espérait encore, contemplait avec une poignante douleur, ces deux cadavres gisant à ses pieds.

Comment et pourquoi étaient-ils morts? Cette question se posait à l'esprit de l'aéronaute, qui se tâtait lui-même, pour savoir s'il était bien vivant. Et alors avec cette lucidité particulière aux rêveurs et aux fous, Tissandier repassant dans sa tête les péripéties de ce drame, dont il n'avait pu être victime, s'expliquait tout ce qui s'était passé.

La hauteur maxima atteinte par le *Zénith*, devait être, d'après les tubes de Janssen, portée entre 8.450 et 8.601 mètres (correction faite de la pression à la surface du sol). Or, au premier évanouissement de Tissandier, c'est-à-dire à 8.000 mètres, l'aiguille du baromètre, passant rapidement sur le chiffre de la pression 28 (8.002 mètres), indiquait ainsi une ascension d'une vitesse énorme, et l'aérostat étant redescendu pour remonter une seconde fois vers les niveaux élevés qu'il venait de quitter, il n'est pas douteux que la mort de ces infortunés ne soit due à la privation d'air, résultant de la dépression atmosphérique.

Ils vivaient certainement, quand après avoir atteint 8.600 mètres, le *Zénith* dont le poids et le volume ne lui permettaient pas de monter plus haut, est redescendu, pour remonter encore, quand Crocé-Spinelli eût jeté par dessus bord tout ce qui pouvait le délester.

Il leur eût été possible de supporter pendant un temps de faible durée l'action de l'asphyxie, mais il était difficile d'en subir l'effet coup sur coup, et de rester dans cet état pendant près de deux heures consécutives.

Une autre cause qui a dû hâter l'asphyxie et la mort, c'est le froid. L'air était rempli de paillettes de glace, extrêmement ténues. Le *Zénith* planait au-dessus d'un véritable cirque de cirrus, qui prenaient l'aspect de massifs de neiges. Il n'est donc pas étonnant que Crocé-Spinelli et Sivel, privés d'air, aient perdu la vie au milieu de ces déserts glacés des hautes régions atmosphériques.

Mais en expliquant les causes de cette mort, comment expliquer la cause du salut de Tissandier? Doit-il la vie, comme il le dit lui-même, à son tempérament lymphatique et nerveux, ou bien encore à son évanouissement complet, sorte d'arrêt des fonctions respiratoires? Mais l'évanouissement comme le sommeil, est un arrêt de mort par le froid. Combien avons-nous vu de nos soldats fatigués, s'endormir dans la neige et y trouver un éternel sommeil.

Est-ce encore parce qu'il était à jeun au moment

du départ? mais Sivel avait très peu mangé, et Crocé n'avait pas mangé du tout.

Nous croyons que Tissandier a été sauvé, parce qu'il avait pu respirer de l'oxygène en assez grande quantité, et que ses poumons avaient fait une ample provision d'air respirable. Nous sommes persuadé, que Sivel et Crocé-Spinelli vivraient encore, s'ils avaient eu le temps ou la prudence d'en faire autant.

C'est donc en perdant subitement la faculté de se mouvoir, qu'ils n'ont pu saisir de leurs mains paralysées les tubes abducteurs de l'air vital. Et nous ne pouvons que dire avec Tissandier :

« Ces nobles victimes ont ouvert à l'investigation scientifique de nouveaux horizons. Ces soldats de la science, en mourant, ont montré du doigt les périls de la route afin qu'on sache. après eux, les éviter. »

Il s'en suivrait, qu'au delà de 8,000 mètres l'air n'est plus respirable, car ce sont les premiers qui aient franchi cette altitude. M. Glaisher, un savant anglais qui, lui aussi. a voulu explorer les régions les plus éloignées du sol, a failli y perdre la vie, et il n'a dû son salut qu'aux tentatives préliminaires qu'il avait faites pour s'habituer à vivre dans les milieux où la pression barométrique est la plus faible.

La plus haute région que ce savant ait atteinte est. — mais c'est lui qui le dit, — onze mille mètres. Or il ne peut appuyer son dire d'aucune preuve. Contentons-nous de penser, avec les savants qui l'ont accompagné ou aidé, que son ballon a dépassé 7,000 mètres, mais n'a dû guère aller au delà.

Sa dernière ascension exécutée le 5 septembre 1862, avec M. Coxwell, est des plus émouvantes. Les deux aéronautes étaient parvenus à une hauteur qu'ils n'avaient jamais franchie, et que la dépression du baromètre leur interdisait de franchir. Cependant l'aérostat montait toujours, sans qu'on pût arrêter sa marche. M. Glaisher à demi asphyxié avait perdu subitement toute connaissance. Renversé en dehors de la nacelle, il ne donnait plus aucun signe de vie.

M. Coxwell se hisse dans le cercle pour tirer la corde de la soupape, mais ses mains sont comme paralysées; il s'aperçoit avec effroi qu'elles deviennent noires comme les mains d'un cholérique, que des cristaux de glace se déposent partout autour de la soupape et que ses forces l'abandonnent. Il veut lever le bras, mais son bras est inerte. Alors dans un effort suprême, il saisit la corde avec ses dents et la tire avec violence. Le gaz s'échappe, et l'aérostat redescend vers les niveaux où l'air est respirable.

En face de ces accidents, il n'est pas rare d'entendre des ignorants ou des malintentionnés qui demanderont:

— A quoi servent les explorations en ballon? A quoi bon risquer sa vie dans les hautes régions de l'atmosphère? Quels services les ballons ont-ils rendus, et en rendront-ils jamais à la science?

Y répondre serait long, quoique facile. Disons seulement que la connaissance des lois météorologiques est du plus grand intérêt et que ces notions ne peuvent s'acquérir que par l'étude de l'atmosphère. Les résultats importants qu'on a obtenus, sont dus à l'étude des couches d'air, qui baignent la surface du globe; que sera-ce donc quand on connaîtra les couches des hautes régions, celles où se forment les météores?

« Étudier la nature, explorer le monde matériel, aller là où nul homme n'a été auparavant, c'est étendre le domaine de nos investigations, c'est faire quelque chose pour la science, c'est travailler à l'utile, au bien de l'humanité.

« Les ascensions ont fourni des notions importantes sur la décroissance des températures et de l'humidité de l'air avec l'altitude, sur la constitution des nuages à glace, sur la superposition des courants aériens, de nature et de directions différentes, sur des phénomènes lumineux, sur la vitesse des vents dans les hautes régions.

« Si l'art de l'aérostation scientifique est en enfance, en se développant il est appelé à fournir le plus puissant concours à une science encore à créer : la science de l'air. Ajoutons en dernier lieu, que le savant qui étudie l'atmosphère à l'aide du ballon apprend à manier et à connaître le ballon lui-même, admirable machine, susceptible de bien des perfectionnements et destinée à être transformée dans un avenir peut-être proche, en un navire dirigeable, sillonnant au gré du pilote les immensités de l'atmosphère, comme le bateau parcourt aujourd'hui les immensités de l'Océan ! »

Cette digression terminée par les paroles éloquentes de M. Tissandier, nous a éloigné des victimes du *Zénith*, que nous allons accompagner jusqu'à la tombe, en essayant de faire revivre les sentiments de pieuse émotion qu'on doit à leur mémoire.

Le ballon était tombé dans un champ voisin de la petite ville de Tiron, du département de l'Indre. D'abord emporté par le traînage, il avait, comme nous l'avons dit, rencontré un arbre sur lequel il s'ouvrit et se brisa, laissant la nacelle toute droite. Les corps de Crocé-Spinelli et de Sivel, que ce traînage avait projetés impitoyablement contre la nacelle, se trouvaient dans une posture effrayante. Leurs deux têtes étaient au fond du panier, et leurs jambes déjà raides en dépassaient le rebord.

Tissandier qui en était sorti précipitamment, dans l'état de surexcitation fébrile où nous l'avons laissé, se demandant si, lui aussi, n'allait pas rejoindre ses amis dans l'autre monde, n'eut pas la force d'appeler au secours, mais quand un ballon tombe dans les champs, les paysans sont prompts à accourir, curieux, narquois, prêts à réclamer des dommages-intérêts pour les dégâts commis par les aéronautes, à peu près sûrs de trouver un bénéfice quelconque, quand ce ne serait que les petites sommes données pour services rendus à l'arrêt ou à la descente.

Le *Zénith* n'était pas tombé naturellement. Les paysans l'avaient suivi dans sa course, furieux de voir les ravages causés par cette nacelle qui jetait çà et là, son ancre impuissante à mordre les obstacles. La foule arrivait effrayée, hostile, mais le ballon courait plus vite qu'elle, et quand il toucha le rideau d'arbres où il devait exhaler son dernier souffle de gaz, à peine y eut-il deux ou trois témoins pour assister à sa chute.

Rien n'effraie l'habitant de la campagne comme la mort. Sceptique et dur pour les vivants, âpre au gain, ne connaissant que son intérêt, habitué à un travail fatigant, souvent seul, le villageois rebelle au progrès et à tout sentiment idéal, garde son intelligence engourdie et ne voit guère au delà de la vie ordinaire, positive, qui l'absorbe pour ainsi dire, est sa seule jouissance et sa seule occupation.

Vivre dans ces conditions, c'est avoir peur de

mourir, et cette peur est le seul sentiment auquel il est accessible. Il s'occupe de mourir le plus tard possible et l'égoïsme étant inhérent à la nature, il fuit les maisons que la mort a touchées.

Mais quand il se trouve brusquement, par hasard, devant un mort que le ciel semble jeter à ses pieds, l'homme que la nature a fait bon et que la société n'a pas encore gâté, retrouve dans son cœur insensible les sentiments de pitié que l'égoïsme a endormis et que l'effroi réveille. Une fois cette première peur passée, il n'attend pas qu'on lui demande ses services et, respectueux envers les morts, que vivants il aurait peut-être nargués ou exploités, il leur rend les derniers devoirs avec une délicatesse rare, même chez les gens soi-disant civilisés.

C'est ce qui arriva pour les victimes du *Zénith*. Les premiers habitants de la localité qui accoururent, muets de terreur, aidèrent Tissandier à retirer ses amis de la nacelle. On étendit des couvertures, et doucement, pieusement, ils y étendirent les deux jeunes gens. Tout autour de la nacelle, on voyait quelques têtes effarées, inquiètes qui n'osaient regarder les morts. Ces témoins silencieux qui étaient accourus, mornes et respectueux, se seraient bien gardés de troubler d'un mot, d'un cri, d'un geste, la douleur du vivant et le sommeil des morts.

Tissandier raconte ses impressions dans ce terrible

moment, avec une grande éloquence, l'éloquence du
cœur :

« Tout à l'heure, ils me souriaient. La vie, la gaieté,
l'enthousiasme, se peignaient sur leurs visages. A présent la mort hideuse avait terni l'éclat de leurs yeux
et noirci leur face. Moi-même, à peine remis d'un évanouissement prolongé, l'esprit affolé par cette épouvantable surprise d'un réveil à côté de deux cadavres,
par cette descente vertigineuse au sein de l'air, véritable chute, si rapide que la nacelle se balançait dans
l'espace avec des mouvements saccadés, à la façon
d'une pendule, je me frappais le front pour savoir si
je n'étais pas le jouet d'un cauchemar.

« Jamais je n'oublierai ces moments d'angoisse.
Tantôt je me tenais debout à côté de mes amis et de
grosses larmes me roulaient des yeux, tantôt je me
précipitais contre leur cœur, dans l'espoir d'en sentir
les battements et je prenais leurs mains, auxquelles
l'asphyxie avait déjà communiqué une teinte noire et
cadavérique. D'après ce qui me fut raconté plus tard,
j'étais moi-même aussi vert qu'un noyé. Je ressentais
l'impression de bourdonnements confus et précipités
dans la tête. J'avais perdu l'ouïe et pour que je pusse
entendre, il fallait me crier à tue-tête dans les
oreilles. »

La foule arrive, mais cette fois indiscrète et cu-
rieuse. Les premiers témoins de l'accident la repous-

sent et, afin de mettre à l'abri les victimes de la catastrophe, les transportent dans des draps blancs,
jusqu'à une grange voisine, où on les tient enfermés
après les avoir couchés sur de la paille.

C'est de là qu'un attelage de bœufs emporta le
surlendemain, à la plus proche station du chemin de
fer, les corps des deux martyrs. Une foule émue les
attendait à la gare d'Orléans, où devaient avoir lieu les
funérailles.

Paris, la noble ville, s'intéresse à toutes les victimes
et se passionne pour tout ce qui est grand. Il accueillit
avec stupeur la sombre nouvelle et la France entière
unit bientôt ses regrets à la douleur de Paris. Des
souscriptions furent ouvertes, des témoignages de
sympathique condoléance arrivèrent de toutes parts .
à la société de navigation aérienne, qui était comme
la famille scientifique des victimes.

Le cortège funèbre traversa Paris, au milieu d'une
haie humaine. On était parti dix mille de la gare, on
était près de vingt mille en approchant du cimetière. Le
gouvernement, les ministères, les académies, la presse,
les étudiants, les ouvriers, tout ce qui, enfin, pense et
travaille, lutte et souffre, tout Paris en un mot, tint
à l'honneur d'assister à ces obsèques.

Et pourtant avant la nouvelle de leur mort, combien
peu de personnes dans cette foule recueillie connaissaient les victimes, qu'on honorait aujourd'hui à l'égal

d'un souverain ? On savait bien comment ils étaient morts, mais quels étaient ceux qui savaient comment ils avaient vécu ?

Sivel avait à peine quarante ans. Ancien officier de marine, il se sentit appelé par un irrésistible attrait à s'occuper d'aérostation. L'inconnu le fascinait. Il voulait explorer l'atmosphère dans toutes ses profondeurs, comme il avait exploré l'Océan, dont il connaissait tous les rivages. Et pour cela il s'était habitué à faire des ascensions avec madame Poitevin, sa belle-mère.

Une de ces ascensions faillit lui être fatale. Il était à peine à 150 mètres de terre quand son ballon se déchira en deux parties et commença à descendre avec une grande rapidité. Sivel, dans ce moment critique, a eu la présence d'esprit de saisir la corde qui part de la tête du globe, de la tirer à lui et de produire ainsi dans l'étoffe une petite courbe, qui a suffi pour ralentir un peu la rapidité de la descente. Plus de trois mille personnes assistaient à ce spectacle effrayant.

Le pauvre Sivel se tenait suspendu à la corde qui soutient la nacelle. Le corps droit, les muscles détendus et sur la pointe des pieds préparé à la secousse, il a touché le sol, un frémissement d'horreur a parcouru la foule. La nacelle en tombant s'est trouvée enveloppée par l'étoffe du ballon, comme par un linceul. Quel moment d'émotion suprême! Un silence glacial a succédé aux cris d'horreur. Tout à coup, on voit sortir de cet énorme amas d'étoffe, Sivel sain et sauf, sans la moindre contusion ou égratignure. C'est la manœuvre faite avec la corde qui l'a sauvé. Aussitot des applaudissements ont éclaté et M. Sivel a été acclamé sur toute la ligne.

En peu de temps, l'officier de marine, habitué au pont de son navire, s'était habitué à la nacelle de son ballon.

Doux de caractère, charmant de manières, courageux et fort, intelligent et distingué, Sivel était aimé de ses camarades et de ses maîtres. Son attachement, son dévouement pour eux, n'avaient pas de bornes. Son travail personnel, son expérience, son matériel, ses inventions si utiles, tout était à la disposition de ses collègues.

Le malheureux laissait un père fort âgé, et une petite fille de cinq ans, charmant bébé qui, au moment du départ du *Zénith*, envoyait avec ses petites mains des baisers, qui devaient être le dernier adieu à son père.

Crocé-Spinelli avait à peine trente ans. Ancien élève de l'École Centrale, il s'était livré avec passion à l'étude de l'aéronautique. Oublieux de ses intérêts personnels, il donnait à la science toute son ardeur, tout son travail, comme il avait donné à son pays

toutes ses forces, tout son cœur, tout son patriotisme.

Crocé, rédacteur scientifique d'un grand journal,
appartenait à un groupe de savants dont M. Paul
Bert est pour ainsi dire le directeur ; d'un caractère en-
joué et résolu à la fois, il avait su se rendre sympathique à tous les partis. Charmant esprit et excellent
cœur, il s'était fait aimer même de ses ennemis. Et
qui n'en a pas dans les luttes de la science ?

Lui aussi, comme Sivel, laissait un vieux père dont
il était le principal appui et qui ne devait pas survivre
longtemps à ce fils, seul appui de sa vieillesse.

Tous deux avaient voulu résoudre un grand problème, ils connaissaient le danger de l'ascension et
cependant ils n'ont pas hésité à l'entreprendre. Ils
sont morts à la découverte de ces régions élevées, que
nul n'est parvenu à connaître et que d'autres peut-être
plus heureux sans doute, exploreront pour l'honneur
de l'humanité.

Tout, dans cette double mort, a dit M. Paul Bert,
est étrange et sublime ! Certes, Sivel et Crocé-Spinelli ne sont pas les premiers aéronautes dont la
science ait à déplorer la perte. Leurs noms sont les
derniers d'une liste, en tête de laquelle brillent les
noms de deux autres savants, Pilatre de Rozier et
Romain, qui se brisèrent en 1785 sur la plage de Boulogne. Mais la mort qui avait frappé ces aéronautes

était une mort connue, prévue, vulgaire en quelque
sorte, une mort à laquelle chacun avait pensé, que
chacun avait redoutée, depuis le jour où parut dans
les airs là machine de Montgolfier : c'était la chute.
Ils étaient morts en tombant. Mais ici, pour la première fois, on voyait deux hommes mourir au sein
même des airs, et mourir en montant. Ils sentent venir la mort, une mort inconnue jusqu'alors. Leur poitrine oppressée les avertit du danger. Ils se consultent.
Faut-il redescendre ? Ah ! la consultation ne fut pas
longue. Nous avons du lest, nous pouvons là-haut
faire des observations utiles. *Excelsior*, plus haut !
Et puis, l'on dit qu'un Anglais a pu vivre et observer
par de là 8,000 mètres. Il faut que le pavillon que
nous portons aille flotter plus haut encore ! Ils bon-
dissent et la mort les saisit, sans efforts, sans souf-
france, comme une proie à elle dévolue, dans les régions où règne un éternel silence. Ils ont eu cet
étrange privilège de mourir les premiers dans ce que
nous appellerons les cieux.

Inclinons-nous avec émotion devant la jeunesse et
la force sacrifiées avec tant d'héroïsme sur l'autel de
la science, saluons une dernière fois ces nobles martyrs et n'oublions pas, que tous ceux qui périssent ou
s'exposent pour l'honneur du pays, sont inscrits de
droit dans nos plus glorieuses annales !...

CHAPITRE IX

Les derniers martyrs. — Les ballons dirigeables.

Les ballons avaient joué un grand rôle pendant la
guerre ; ils risquaient fort, au lendemain de la paix,
d'être rejetés dans l'ombre. Mais la science s'empara
d'eux pour l'étude de l'atmosphère et, dans le cas où
la direction des ballons serait trouvée, définir les différents courants aériens.

Au premier rang des hommes qui se sont occupés
de ces problèmes, sont MM. Paul Bert, Gaston Tissandier et Flammarion. Le premier servit la science
aérostatique au moyen de ses recherches expérimen-
tales, les deux autres y aidèrent par leurs ascensions.

Flammarion, le 28 avril 1874, tentait avec sa jeune
femme, un voyage aérien qui n'était pas seulement
une partie de plaisir, mais qui avait encore un but

scientifique. Il répondit largement au double espoir de ceux qui l'entreprenaient. Les voyageurs emportés d'abord vers Chenevières, Grosbois et la forêt de Sénart, amenés au milieu de la nuit au-dessus de la capitale endormie, virent se lever en Belgique le soleil qu'ils avaient vu se coucher à Paris. Ils constatèrent l'existence de cinq courants aériens superposés et différents.

C'est aussi avec sa femme, que l'aéronaute Duruof devait faire un long voyage à travers les airs. Seulement les impressions en furent toutes différentes, et les dangers que les voyageurs coururent sont dignes de trouver place dans notre martyrologe.

Duruof était un des aéronautes du siège ; habitué des airs, familier du danger, il avait plus d'une fois erré au gré des vents entre ciel et mer.

C'est comme aide de Nadar, qu'il débuta dans l'aérostation ; il accompagnait le créateur du *Géant* quand celui-ci organisa au Palais-de-Cristal l'exposition de son immense aérostat. Il y fit quelques ascensions, acheta même le ballon et y monta à différentes reprises, notamment avec Groof, l'infortuné homme volant dont nous avons raconté la mort.

M. Duruof avait à peine trente-trois ans. Il était grand et mince. Sa figure respirait une singulière expression d'énergie.

En 1868, à Calais même, il avait fait un premier

voyage au-dessus de la mer du Nord dans son ballon *le Neptune*. Deux courants aériens superposés lui avaient permis de s'aventurer à deux reprises différentes à plusieurs lieues en mer et de revenir deux fois sur le rivage.

Voici, d'après les notes prises par M. Gaston Tissandier qui était du voyage, comment s'opéra cette ascension du *Neptune*, préface éloquente de celle du *Tricolore :*

Le dimanche, 16 août, à quatre heures du soir, le magnifique ballon *le Neptune* se dressait majestueusement sur la place de Calais, au milieu d'une foule immense, qui attendait avec émotion le moment du départ rendu périlleux par le voisinage de la mer. Le chef de l'expédition M. Jules Duruof et son second, M. G. Barett, avaient bien voulu m'offrir l'hospitalité à leur bord, en me permettant ainsi de débuter heureusement dans la carrière aérostatique et de faire avec succès mes premières armes aériennes.

A quatre heures cinquante minutes le signal du départ est donné. *Le Neptune* s'élève. A peine la brise nous a-t-elle lancés vers le continent, qu'un courant atmosphérique supérieur nous entraîne vers la mer dans la direction du nord-est. Quelques minutes encore et nous planons à 1,400 mètres au-dessus des flots, en présence du plus merveilleux spectacle qu'il soit peut-être donné à l'homme de contempler. A nos pieds, la mer transparente s'étend à l'infini comme un vaste champ d'émeraude, à notre gauche la ville de Calais se dresse comme une cité en miniature sur un rivage lilliputien, à droite enfin, un singulier effet de mirage nous montre au-dessus d'un rideau de vapeurs, l'image renversée de l'Océan, que sillonnent quelques vaisseaux et cache à notre vue les côtes d'Angleterre.

La splendeur d'un tel panorama subjugue l'admiration. Aussi nul sentiment de crainte ne peut-il avoir prise en notre esprit, et nous songeons à peine à la marche rapide qui nous porte vers les immensités de la mer du Nord.

Cependant nous continuons notre route au-dessus de l'Océan et, tandis que la population nombreuse qui se presse sur la jetée et sur la plage de Calais se demande avec anxiété quelle sera l'issue de ce voyage, nous voyons une nuée de cumulus floconneux que les courants inférieurs de l'air font rapidement voltiger dans la direction du rivage et qui pourront, en y faisant descendre l'aérostat, nous ramener au point de départ.

Tout à sa digression poétique, le narrateur oublie que l'aérostat monte et peut rencontrer des courants supérieurs qui, comme au début de l'ascension, l'entraîneraient en pleine mer. Du reste, le capitaine Duruof le pense ainsi, puisqu'il ne craint plus de s'aven-

turer sur l'Océan. L'aérostat monte à 1,500 mètres,
jusqu'en vue du phare de Gravelines, à plusieurs lieues
de la côte. C'est alors que, soit inquiétude, soit prudence, il cesse de jeter du lest et *le Neptune* s'abaisse
de 1.000 mètres environ s'abandonnant à la brise qui
le pousse en sens inverse au courant supérieur.

Le Neptune décrit alors une courbe qu'on pourrait
comparer à celle des évolutions d'un navire en rade.
Il revient sur ses pas, plane pendant une heure sur
les flots, puis traverse la ville de Calais, aux acclama-
tions de la foule qui, émue de ce retour inattendu, applaudit à ce qu'elle croit être une habile manœuvre
des aéronautes.

Au lieu de profiter de la position et de descendre,
enivrés de leur succès et se fiant toujours aux courants inférieurs qui les pousseront à la côte, ils suivent
le rivage jusqu'à Boulogne. Là, enveloppés dans des
nuages épais, exposés à une douce température, ils
dînent à 1,600 mètres de hauteur.

Mais le temps passe. Les nuages qui les entourent,
les empêchent de voir exactement la manœuvre insensible que la brise a fait faire au *Neptune*. Soudain un
bruit prolongé se fait entendre. C'est le murmure
des vagues qui se rapproche. Une éclaircie se forme
et les aéronautes s'aperçoivent que *le Neptune* a été
lancé de nouveau vers la haute mer, en face du cap
Gris-Nez.

Se rappelant le courant inférieur qui les a déjà portés sur le continent et qui doit marcher sous leur nacelle, ils y laissent descendre l'aréostat.

Le Neptune, soulevé par la brise, se précipite alors avec une violence inouïe sur le cap.

Mais, dit M. Tissandier, va-t-il pouvoir en atteindre la côte ou en dépassera-t-il au contraire la pointe extrême pour continuer en pleine mer sa course rapide? La nuit tombe. Le ciel se voile. Le soleil, rouge comme un disque de feu, disparaît à l'horizon et chaque moment d'hésitation compromet le succès d'une périlleuse descente. Sans plus attendre, M. Duruof ouvre la soupape du ballon qui rase bientôt la surface des flots. M. Barrett s'empresse en même temps de jeter à la mer le grappin, que nous remorquons à notre suite; et moi-même, rassuré par la froide énergie de mes compagnons, je ne tarde pas à lancer l'ancre sur le rivage, au commandement de notre vaillant capitaine. L'ancre est retenue par une dune de sable et *le Neptune* captif, sans force, vient s'affaisser sur le sommet d'un monticule herbu. Mais le vent qui s'engouffre dans la toile, va peut-être nous soulever encore et nous conduire à de nouveaux dangers.

M. Duruof a aussitôt recours à la corde, dite de miséricorde, qui fend l'aérostat en décousant une de ses côtes et le dégonfle instantanément. Tout péril est passé. L'intrépide Maillard, sous-gardien du phare de

Le Neptune, captif et sans forces, vient s'affaisser sur la plage.

Gris-Nez, brave matelot toujours prêt à voler au danger, M. Duclois, employé au télégraphe sous-marin, et quelques pêcheurs étaient déjà accourus à notre aide.

Certes, la manière habile et courageuse avec laquelle les aéronautes ont atterri au cap Gris-Nez est digne de tous les éloges, mais ils n'en ont pas moins couru de grands dangers par leur trop de confiance en des courants superficiels, dont ils ont failli éprouver les variations à leurs dépens.

Cependant on doit leur rendre cette justice, qu'ils ont fait tourner ce danger au profit de leurs connaissances aériennes. La conclusion du récit de M. Tissandier le prouve nettement.

Nous avons eu, dit-il, le rare bonheur de pouvoir constater la marche en sens inverse de deux couches d'air superposées et de profiter avec succès de leur action. Ce fait qui jusqu'ici n'avait jamais été aussi sûrement observé, n'offre-t-il pas une certaine importance et ne nous montre-t-il pas qu'il reste encore à l'art de l'aérostation un vaste champ à conquérir dans l'étude de la direction des vents?

Nous ne doutons pas, que bien souvent l'atmosphère est ainsi découpée en couches aériennes, qui se meuvent dans des directions différentes et que bien souvent aussi l'aéronaute pourrait se diriger, si comme l'oiseau qui plane il cherchait à diverses altitudes le courant qui lui est favorable.

Si le temps ne nous avait pas fait défaut, nous aurions pu confirmer brillamment cette assertion en répétant un grand nombre de fois la première manœuvre faite en face de Calais. On aurait vu *le Neptune* suivre alternativement, à des hauteurs différentes, deux routes opposées et gagner peu à peu les côtes de l'Angleterre en tirant des bordées comme un navire à voiles.

Cette ascension fait le plus grand honneur à M. Duruof, qui semble vouloir prendre le monopole des expéditions en mer, car plus tard, dans le courant de 1869, toujours avec ce même ballon, *le Neptune*, il fait une ascension à Monaco, en face de la Méditerranée qu'il veut braver à son tour.

Mal lui en a pris cette fois : comme à Calais, l'aérostat a trouvé au départ un courant inférieur qui l'éloigne de la mer, mais au-dessus des nuages, il en retrouve un supérieur qui le dirige sur la Méditerranée. Les nuages devenant humides pèsent sur le ballon et le surchargent d'un poids tel que rien ne peut arrêter sa chute vertigineuse.

M. Duruof n'est pas seul. Dans la nacelle se trouve entre autres un nommé Bertaux, homme très énergique et plein de sang-froid qui aide puissamment à manœuvrer l'aérostat, mais par malheur toute manœuvre est inutile. *Le Neptune* tombe à la mer.

Alors se produit un phénomène qui pourrait paraître étrange, si Duruof ne l'avait déjà étudié, et Tissandier constaté à leur première ascension de Calais au cap de Gris-Nez.

Le premier courant inférieur emporte *le Neptune* et le fait bondir de vague en vague en le ramenant au rivage. Les aéronautes, déconcertés par cette manœuvre qu'ils ne comprennent pas, se cramponnent aux cordages et au cercle. Un bateau à vapeur s'approche, ils font des signes de détresse, agitent leurs mouchoirs, appellent. Le vent souffle toujours et le bateau qui a vu les naufragés ne peut les atteindre. *Le Neptune* continue sa route vers le rivage, où il atterrit, déposé par le vent et permettant aux aéronautes d'aborder, comme l'eussent fait des marins dans une barque à voile.

Comme on le voit, Duruof avait déjà fait connaissance avec la mer.

Le 31 août 1874, il partait de Calais dans son ballon *le Tricolore*, emmenant avec lui sa femme. Il devait cette fois tenter le passage du détroit, comme l'avait fait Blanchard et voulait le faire Pilâtre de Rosier.

Le Tricolore devait prendre son vol à cinq heures du soir. Une foule compacte de Calaisiens — on sait que le goût des expériences aériennes a été de tout temps très développé chez eux, — assistait aux préparatifs de départ ; mais à l'heure dite, le vent soufflait dans la direction de la mer. Des ballons d'essai furent lancés dans l'espoir qu'on les verrait rencontrer des courants aériens contraires au vent, mais il n'en fut rien et les ballonnets allèrent se perdre dans la mer.

Partir dans de telles conditions, c'est aller à la mort. Duruof persiste à vouloir quitter la terre. Le public, qui trépigne avec impatience, n'a-t-il pas droit au spectacle promis ? Et d'ailleurs, le vent peut changer, un navire en mer les recevoir à son bord. Toute sollicitation est inutile. Duruof et sa femme elle-même sont inébranlables. Le ballon va partir.

Le capitaine du port conseille à Duruof d'attendre au lendemain, et le maire intime à Duruof l'interdiction absolue de quitter terre. Bien mieux, pour prouver qu'il prend la responsabilité de ce veto, il fait emporter la nacelle à l'hôtel de ville. Le ballon, complètement gonflé, se balançait sur ses amarres en pleine place Saint-Pierre, et le public qui n'était point mis au courant de ce qui se passait, s'imaginait que Duruof refusait d'exécuter son programme.

Pendant que les spectateurs de l'enceinte réservée se retirent sans protestations, de tristes personnages, comme il s'en trouve dans toutes les foules, mettent en doute le courage de l'homme qui a ouvert la route de l'air aux aéronautes du siège. Le malheureux, en traversant cette foule hostile est criblé de huées et d'outrages.

Les aéronautes multiplient leurs signaux de détresse.

A l'hôtel, même réception. Les insultes ne lui sont pas épargnées, il entend même dire autour de lui :

— Ces aéronautes! ils ne partent pas avec leur ballon, mais ils savent bien partir avec la caisse.

Duruof n'en entend pas davantage .Il prend soudain sa femme par le bras et court à l'hôtel de ville, pour reprendre sa nacelle confisquée. Le gardien refuse de la donner, mais Duruof lui affirme que c'est pour faire une expérience et qu'il n'est question que d'une ascension captive. Il est tellement calme, que le gardien le croit sur parole et lui remet l'esquif d'osier.

L'intrépide aéronaute court à la place Saint-Pierre avec son précieux fardeau. Il arrime sa nacelle, y saute avec sa compagne et coupe les cordes.

La nuit vient, sombre, terrible, impitoyable. Le ballon échappe à tous les regards, court rapide comme une étoile filante au-dessus de la mer du Nord, pendant que les Calaisiens étourdis par la rapidité de cette ascension, honteux et repentants, troublent l'air de leurs cris d'angoisse. Il y en a même, dit-on, qui pleuraient. Il était bien temps. Les insulteurs étaient satisfaits!...

Dans l'histoire de l'aérostation et de ses martyrs, il n'est pas rare de rencontrer des foules dont les absurdes railleries envoient au danger ou à la mort les malheureux qui ne sont, pour elles, que des instruments de plaisir ou de curiosité. Les Calaisiens, disons-le à leur louange, comprirent de suite la faute qu'ils avaient commise et leur inquiétude égala leurs remords.

Le vent soufflait toujours dans la même direction. Les prédictions sinistres se croisaient. L'angoisse était d'autant plus grande que Duruof, dans sa précipitation, n'avait emporté ni vivres ni couvertures, et que le ballon ne cubant que 800 mètres ne pouvait tenir l'air longtemps.

De Calais, on télégraphia à Paris la nouvelle de ce téméraire départ, et, le jour même, l'Observatoire transmettait à la presse cette note :

— Un ballon monté par un aéronaute et sa femme est parti de Calais, hier soir, lundi, à sept heures, en voulant tenter le passage en Angleterre. Cependant le vent soufflant assez fort du sud–ouest n'était pas favorable. Aussi le ballon s'est-il dirigé rapidement suivant l'axe de la mer du Nord. M. de Fonvielle, qui nous donne cette nouvelle, nous demande quelle route le ballon aura probablement suivie. Parti seulement ce matin, le ballon aurait certainement gagné le Danemark. Étant parti hier soir à sept heures, il a pu se relever beaucoup plus vers le nord. L'observatoire a, en conséquence, averti Copenhague et Christiania, par dépêches télégraphiques.

« Un mouvement d'horreur, écrit M. de Fonvielle, s'empare de l'Europe entière, quand on apprend cet acte d'héroïque témérité.

Pendant trois jours, l'opinion resta fébrilement attachée sur ce coin de l'Océan. La grande préoccupation publique était de savoir si Duruof et sa courageuse épouse avaient été sauvés par un miracle, sur
lequel nul ne comptait plus.

« Enfin un télégramme expédié de Wisby vient
faire cesser l'anxiété universelle. Les deux naufragés
aériens ont été sauvés par l'équipage d'un pêcheur
anglais, sur le Scager-Rack, grand banc où se font
d'ordinaire de moins étranges coups de filet. Tout
est héroïque dans cette tragédie : la naïveté de la
femme qui croyait aller en partie de plaisir, le sang-
froid et la vigueur du mari, qui dans une situation
épouvantable, où les plus hardis auraient été paraly-
sés, garde sa présence d'esprit tout entière.

« Un faux mouvement, et il était perdu. Son précieux
fardeau lui était arraché. Subitement délesté, le ballon s'élançait dans les espaces. Il retombait asphyxié
par le gaz et engourdi par le froid. Tous les dangers sont prévus, évités avec une incroyable intrépidité... »

Les péripéties du naufrage de Duruof sont des plus
émouvantes.

Pendant toute la nuit, *le Tricolore* poussé par le
vent avait erré sur la mer du Nord. Au petit jour,
les aéronautes se trouvent à peu de distance des
flots. De tous côtés des brouillards et des vagues.

A l'horizon pas une voile. Où étaient-ils ? Ils n'en savaient rien. Où allaient-ils ? Dieu seul le savait.

Duruof essaie de consoler sa femme, en lui disant qu'ils sont dans la bonne voie, et la vaillante créature ne perd pas courage. Le brouillard s'étant un peu éclairci, ils aperçoivent au loin deux points noirs. Ce sont deux bâtiments naviguant dans la direction où *le Tricolore* était poussé.

Mais l'un d'eux est allemand, il a vu les couleurs du drapeau français et il s'écarte avec prestesse de ce ballon qui porte des couleurs ennemies. L'autre, au contraire, se met à manœuvrer pour venir à sa rencontre. La mer est forte, très forte et la manœuvre est difficile : un canot cependant s'est détaché et vogue vers *le Tricolore*.

Duruof a ouvert la soupape et descend jusqu'à ce que les cordes touchent l'eau, mais au bout d'un instant, il s'aperçoit que le canot a disparu, et le ballon emporte les naufragés dans une direction opposée.

Le bateau pêcheur aperçu par Duruof était anglais. Il se nommait le *Great-Charge* et son capitaine William Oxley. Ce dernier, en apercevant les couleurs du pavillon français, s'était, au risque de sombrer sous voiles, couvert de toiles et avait mis le cap sur le ballon, de manière à lui couper la route en arrivant sous son vent. Ayant réussi, il jeta son canot à la mer et s'y précipita avec son lieutenant. C'était ce canot sauveteur que Duruof et sa femme venaient de perdre de vue !...

Il était alors six heures du matin. La fuite du ballon était moins rapide, Duruof ayant eu la précaution de fermer la soupape, la nacelle se trouvant sur l'eau. C'était le seul moyen de maintenir le ballon, qui résistait encore, mais risquait fort d'éclater sous les efforts des vagues, qui le recouvraient tout entier, et, en se brisant sur lui, le faisaient plier, ballotter, sombrer.

Une heure se passe dans ces transes mortelles. Le bateau pêcheur reparaît à l'horizon et la chaloupe cingle rapidement vers les naufragés.

Ceux-ci étaient dans un état pitoyable. Il faisait un froid terrible. Leurs membres étaient engourdis. La force les abandonnait. L'espoir d'être secourus par ce canot qui s'avance est la seule chose qui leur donne un reste de vigueur.

Madame Duruof est glacée, insensible. Son mari est obligé de la prendre dans ses bras. Chaque secousse du ballon augmente leur faiblesse.

Enfin le bateau s'approche. Les matelots anglais, saisissant un morceau de câble, s'accrochent à l'aérostat qui les entraîne avec une épouvantable furie. Le canot est sur le point de chavirer. Duruof voit le danger. Il jette sa femme au capitaine, qui la saisit

au vol, et coupe les cordes qui les attachaient au
ballon. Une vague prend Duruof à revers et le lance
contre la chaloupe où il se cramponne, se hisse
et dans le fond de laquelle il tombe inanimé. Pendant ce temps, le ballon disparaît dans l'immensité.
On devait le retrouver un peu après sur les côtes de
Norwège !...

La chaloupe accoste le bateau pêcheur. On porte
les naufragés à bord, on leur donne une cabine avec
un bon feu qui les réchauffe, et à neuf heures du
matin, quatorze heures après leur départ de Calais,
ils débarquent dans le port de Grimsby, dont la population tout entière les acclame.

Le soir même ils étaient à Londres.

Calais, consterné depuis le départ des aéronautes,
éclata en joyeuses manifestations, quand il apprit le
sauvetage inespéré de ceux dont quelques mauvais
plaisants avaient compromis la vie. Les rues furent
pavoisées de drapeaux français et anglais, et lorsque
Duruof et sa femme revinrent d'Angleterre, leur
entrée dans la ville fut un véritable triomphe. Une
souscription ouverte en leur faveur produisit plus
de onze mille francs, dont le produit fut employé
par Duruof à construire un aérostat, auquel il donna
le nom de *la Ville de Calais*.

L'émotion que cet incident produisit en Europe
fut favorable à tous ceux qui s'étaient fait aéronau-

Une heure se passa dans ces transes mortelles.

tes volontaires pendant le siège de Paris. On se souvint d'eux. Une médaille commémorative fut créée par le conseil municipal. On peut la considérer comme l'épilogue de cet accident, car, sans cet éclatant sauvetage, les ballons du siège étaient sûrement oubliés.

Un miracle avait sauvé Duruof, en lui donnant la gloire, là où d'autres auraient trouvé la mort.

Cette année même, l'aérostation française avait la mort d'une victime nouvelle à déplorer, mais la responsabilité n'en retombe pas sur elle. Un malheureux gymnaste, nommé Braquet, faisait des exercices sur un trapèze attaché à une montgolfière. Elle était élevée de quelques centaines de mètres déjà, quand l'infortuné lâcha prise et, tombant avec une rapidité toujours croissante vers le sol, vint s'y briser.

En Amérique, nous trouvons encore d'autres martyrs de l'aérostation. Un des meilleurs aéronautes des États-Unis, La Mountain, qui une première fois avait failli périr dans les eaux du lac Érié, faisait une ascension à Jona dans le Michigan. Il avait eu la malencontreuse idée de remplacer le filet qui tient attachée la nacelle, par des cordes attachées à un cercle, placé à la partie supérieure de la montgolfière.

Il y avait à peine quelques minutes qu'il planait dans les nuages, quand le cercle qui retenait les cordes se rompit. Le ballon s'échappa et la nacelle, livrée à elle-même, tomba avec une vitesse effrayante. La Mountain lâcha prise à 50 mètres du sol, mais l'impulsion était si violente, que le corps du malheureux pénétra dans la terre à quelques centimètres de profondeur. sa tête fut écrasée, aplatie, mise en pièces, ses os broyés par le choc, quelques-uns même réduits en poudre.

Et cette scène d'horreur se déroula sous les yeux d'un millier de spectateurs impassibles, qui ne se dérangèrent même pas pour voler au secours de celui qui, comme le gladiateur au Colisée, mourait pour le plaisir du peuple.

Une autre ascension faite à Chicago se termina encore d'une manière fatale. MM. Donaldson et Grimwood en furent victimes.

Le 15 juillet 1875, à quatre heures du soir, ils s'élevaient de l'hippodrome. Le vent était si violent, que des passagers refusèrent de prendre, dans la nacelle, la place qui leur était réservée. Le ballon était en fort mauvais état et tout rempli de trous. Le vent, qui soufflait du sud-ouest, l'enleva en un clin d'œil dans la direction du lac Michigan. Quelques minutes après, une violente tempête qui dévasta la vallée de l'Ohio, enveloppa les aéronautes et le ballon dans un tourbillon. Si l'aérostat eût tenu l'air, il aurait été emporté dans les forêts du Canada où La Mountain,

dont nous venons de raconter la mort, était resté
longtemps égaré à la suite d'une dramatique ascension. Malheureusement un sort plus funeste lui était
réservé. La tempête l'enleva et le précipita dans le
lac Michigan, dont les vagues soulevées par l'ouragan engloutirent les aéronautes. On retrouva, sur
le rivage, le corps d'une des victimes, mais nul ne
sait ce que l'autre était devenue. On a attendu longtemps son retour, espérant qu'elle avait échappé au
désastre, mais on acquit bientôt la certitude que les
deux aéronautes devaient être inscrits dans le nombre des martyrs de l'aérostation.

De l'Amérique nous passons en Asie. Nous y
trouvons encore une victime. L'aérostation en est
cependant innocente. mais, historien fidèle, nous ne
faisons pas son procès.

C'était fête à Bangkok. Un aérostat, spectacle nouveau pour des yeux siamois, se balançait dans l'air
attendant quelque Asiatique amateur qui voulût bien
monter dans la nacelle.

Le roi était convaincu qu'une pareille machine ne
pouvait être qu'un engin de destruction, et que monter dans ce panier d'osier, c'était dire adieu à la
vie. Il avait choisi deux condamnés à mort pour y
monter, mais un ministre ayant fait observer au
roi, qu'à Paris, en Europe même, en Amérique, il
y avait beaucoup d'aérostats conduits par des sa-

vants, qui tous revenaient à terre sans danger pour leur vie ; Sa Majesté Siamoise demanda un aéronaute volontaire pour monter dans la nacelle.

Nul ne se présenta, et le ballon, qui s'appelait lui-même *le Roi de Siam* et avait déjà fait une ascension à Paris, restait inactif et captif faute d'un volontaire.

Il fallait cependant en finir, car le jour de la fête promise pour la majorité du roi approchait. Faute de volontaire on choisit un esclave à qui on promit la liberté en cas de retour.

Le grand jour arriva, on plaça le pauvre diable, malgré sa résistance désespérée, dans la nacelle et les cordes furent coupées. Le ballon disparut comme une flèche, aux yeux d'une foule en délire, mais la nacelle n'avait aucun sac de lest, et le ballon pas plus que son aéronaute ne reparurent jamais.

Comment s'appelait ce malheureux? Sait-on comment s'appelle un esclave ? Il eût mieux valu envoyer là-haut un condamné à mort, que d'y envoyer un innocent, coupable seulement d'être esclave.

Si nous rentrons à Paris, où affluent tous les novateurs à l'affût d'idées bizarres et dangereuses, nous trouverons encore d'autres victimes obscures, ignorées, victimes de la science des autres, et de leur propre imprudence.

— Pour tracer un sillon dans les nuages, dit M. de Fonvielle, il ne faut pas atteler au ballon les oies avant les aigles, pas plus qu'il ne convient de mettre la charrue avant les bœufs, quand on doit labourer...

N'avons-nous pas tout récemment vu un Allemand construire un ballon destiné à remplacer la poste? Heureusement pour ce maniaque, un ouragan se déchaîna sur son ballon et le mit en pièces. La tempête qui a coûté la vie à tant de braves marins de l'air a sauvé cet illuminé.

Mais laissons de côté toutes ces entreprises désastreuses, ces non-sens du progrès, qui, au lieu d'aider la science à marcher en avant, la font reculer en arrière, et arrivons à une catastrophe toute récente, celle de *l'Univers*.

Ce ballon appartenait à M. Godard qui l'avait mis à la disposition de M. le colonel Laussedat, président de la commission des ballons.

Par suite de nombreux retards, et par un temps épouvantablement froid, le matériel avait dû séjourner dans une des cours du gazomètre pendant de longs jours. Il était pourtant couvert de bâches imperméables, mais le filet s'était rétréci d'une façon étonnante, de manière à se trouver diminué, entre le bord de la nacelle et la soupape, de un mètre cinquante centimètres.

Le gonflement régulier était impossible. L'étoffe gelée n'était pas également soutenue dans toutes ses parties par les mailles du filet. Au moment du départ il tomba une pluie de givre qui s'accumula au sommet et compliqua la position. En effet, le givre et les cristaux de neige s'étaient soudés sous l'influence du dégel, et les glaçons attachés au filet formaient un obstacle matériel au jeu des mailles.

Le tissu, énervé par le froid, s'était ouvert, et le gaz sortait à flots par les déchirures. Les officiers qui faisaient partie de l'expédition n'en montent pas moins dans la nacelle, insouciants du danger. Ils étendent tranquillement leurs cartes, comme s'ils étaient au dépôt de la guerre, et préparent leurs lorgnettes pour faire leurs observations; chacun a le crayon en main, prêt à remplir sa mission. Rien ne peut déranger le laborieux équipage de ce cabinet volant.

Mais avant que ces studieux officiers aient pu mesurer l'étendue du danger, le ballon, qui s'est élevé paisiblement, penche et entraîne la nacelle. Un choc épouvantable fait craquer les os des jeunes gens. La chute est tellement prompte et inattendue que Godard est surpris par cette attaque soudaine. Il reprend sa présence d'esprit et jette du lest. Puis il donne ses ordres en capitaine. Les passagers les comprennent mal. Soldats, ils sont habitués à une obéissance passive, et leur sang-froid ne les a pas abandonnés, mais ils ne connaissent rien aux choses du métier. Avant qu'ils aient compris les ordres, il est trop tard pour les exécuter.

Godard jette le sable avec tant de furie, qu'il reçoit le choc dans une mauvaise position. Il tombe, se relève, mais il retombe encore, et cette fois les os du genou percent la chair. Il a la jambe cassée.

Le ballon, qui n'était qu'à une hauteur de 400 mètres. redescend et rase la terre. La nacelle se brise, avec ses passagers, contre les murs des jardins de Montreuil, à une portée de fusil de Vincennes.

Les habitants s'enfuient éperdus en entendant tomber le sable du lest, mais en voyant l'aérostat jeté par terre, la nacelle brisée, les officiers se relevant péniblement, les uns grièvement blessés, d'autres étourdis par la chute, ils comprennent qu'un grand malheur est arrivé et se précipitent au secours des victimes.

Les passagers qui avaient pu se cramponner aux cordages sortent de la nacelle; Godard, faisant un effort héroïque, se soulève et, malgré son horrible blessure, dirige le sauvetage avec un étonnant sang-froid.

Ce naufrage aérien, qui heureusement ne fit que des blessés, fut fécond en enseignements, et cette catastrophe qui émut l'opinion publique, fit entrer la navigation aérienne dans une nouvelle série d'études et d'investigations. C'est l'école aérostatique de Meudon qui en profitera. Il faut que les passagers, quel que soit leur rang, quel que soit leur grade, sachent bien que dans une nacelle, comme au combat, comme sur un navire, ils doivent obéissance à l'aéronaute, quand il commande une manœuvre, et qu'il est à son bord le seul maître, après Dieu. Enfin, il ne faut pas exposer aussi légèrement la vie des hommes. La construction et le gonflement des ballons, la distribution des sacs de lest et la solidité de la nacelle, doivent être scrupuleusement soignés et examinés. La moindre précaution suffit souvent pour empêcher qu'une catastrophe analogue à celle-ci ne prenne des proportions foudroyantes. C'est pour ces motifs que Godard provoqua une enquête officielle, avec l'approbation du colonel Laussedat, afin que la catastrophe de *l'Univers*, et les dangers courus par ses passagers, pussent profiter aux progrès de la science.

En dépit des accidents qui se multiplient, on continue de monter en ballon, au nom de la science, au nom surtout des plaisirs du public, car il n'y a guère de fête officielle sans ascension aérostatique.

Nous ne pouvons résister au désir de raconter un de ces naufrages aériens, qui a eu lieu récemment au Mans, et que raconte ainsi le journal, *l'Union de la Sarthe :*

— La journée d'hier (dimanche 27 juin 1880) s'est terminée, en ajoutant un chapitre à la trop longue histoire de ceux qui se tuent, pour amuser les autres.

Comme pour les dimanches précédents, le programme de la fête annonçait une double ascension aérostatique.

Les ballons *l'Exposition* et *l'Annexe* devaient partir de concert, du quinconce des Jacobins, le premier emportant M. Petit et sa femme, et le second monté, comme d'habitude, par le jeune Armand Petit.

Le moment du départ était arrivé. Les deux aérostats s'élevèrent. Ils atteignirent bientôt l'altitude de 4 à 500 mètres, à laquelle ils se maintinrent pendant quelque temps, avant de prendre la route qu'avaient suivie les ballonnets d'essai.

Au moment où ils passaient au-dessus du jardin d'horticulture, M. Petit salua la foule qui l'emplissait en lui criant : Au revoir, à bientôt ! — Et, à ce moment, il fit pleuvoir, sur les curieux, des joujoux et des imprimés.

Tout le monde souhaitait bon voyage aux navigateurs aériens, lorsque tout à coup le gros ballon changea d'allures. La partie de sa circonférence qui regardait la ville s'enfonça comme si elle venait de recevoir un choc violent. La partie supérieure s'aplatit et les flancs se creusèrent.

Un cri d'angoisse se fit entendre sur tous les points d'où le public suivait la marche des aéronautes.

— Le ballon est crevé ! s'écrièrent des milliers de voix.

Pendant quelques secondes, il oscilla et tourna sur

lui-même en descendant, mais pas encore très vite. Il restait encore du gaz dans l'enveloppe, et l'air, pénétrant par la déchirure, lui permettait de remplir un peu le rôle de parachute.

Il en fut ainsi jusqu'à 150 mètres environ au-dessus du sol. La chute, qui avait été jusque-là relativement lente et d'un mouvement à peu près hélicoïdal, devint verticale et rapide.

La pesanteur avait repris tous ses droits, que rien ne contrariait plus : squelette de ballon, nacelle et voyageurs arrivaient vers le sol comme un aérolithe.

Ils vinrent tomber sur le mur de la propriété de M. Trouvé, située route de Paris, section des Sablons, au lieu dit Garillé, la nacelle d'un côté du mur et l'aérostat avec le filet dans le jardin.

Telle fut la force du choc que la nacelle ébrécha le mur.

Quelques personnes accoururent, effrayées de ce qu'elles s'attendaient à voir. Le sinistre heureusement était moins grand qu'on ne le craignait. Madame Petit, la figure ensanglantée, était déjà debout, essayant de secourir son mari, grièvement blessé.

Celui-ci avait l'os iliaque (au bas de l'épine dorsale) brisé et souffrait horriblement.

Tous les deux furent immédiatement portés dans

la maison de M. Trouvé, où les premiers soins leur furent donnés du mieux que l'on put.

On fut bientôt rassuré sur l'état de madame Petit, qui en sera quitte pour des contusions, et l'épouvantable secousse morale qu'elle a éprouvée.

Quant à M. Petit, les médecins constatèrent, ainsi que nous l'avons dit, des fractures multiples et comme un émiettement de l'os iliaque, qui protège le gros intestin et forme les hanches.

Rien de tout cela cependant n'est mortel.

Malgré ses souffrances, le blessé n'a pas perdu connaissance un seul instant, et sa constante, son unique préoccupation était de savoir ce qu'était devenu son fils Armand avec le petit ballon.

Quant à l'enfant, livré à lui-même, après avoir vu la chute de son père et de sa mère, il s'était abandonné au vent, à la grâce de Dieu, guettant un endroit pour atterrir... Cet endroit, il le trouva sur le territoire de Chelles et il opéra fort habilement sa descente, qui se fit sur un noyer.

Peu d'instants après on le ramenait en ville.

Les accidents dus au traînage de l'aérostat sont aussi très fréquents. Dernièrement en Bretagne un accident de ce genre a eu lieu. Le raconter après l'épopée du *Géant* serait répéter en petit ce que nous avons essayé d'écrire en grand. Le mystère plane encore, non sur la cause de ces traînages, mais sur le moyen d'y remédier, c'est-à-dire de connaître la direction des ballons, et de définir la nature des courants aériens.

L'étude de ces courants se poursuit toujours et, avant que le problème soit résolu, combien de Sivel et de Crocé-Spinelli mourront encore à la tâche! Ne devrait-on pas être un peu plus indulgent pour tous ceux, fous ou savants, qui ont cherché et cherchent à diriger les aérostats? Ceux-là du moins n'ont fait du mal qu'à eux-mêmes, et, s'ils n'ont pas fait faire un grand pas à la question, soit qu'ils y aient trouvé la mort, l'insulte ou l'indifférence, soit qu'ils n'aient jamais pu se servir de leur invention, ils ont travaillé pour d'autres, qui seront peut-être plus heureux.

Ah! nous parlions de martyrs obscurs et ignorés! c'est parmi ces inventeurs conspués, méprisés, traités de rêveurs ou d'empiriques que nous en trouvons, depuis Blanchard, avec son vaisseau volant, jusqu'à Dupuis-Delcourt, et son ballon de cuivre.

Vienne l'année 1883, dit M. Louis Figuier, et l'aérostation comptera un siècle d'existence. On est comme attristé quand on considère le peu de résultats qu'a produits, dans un aussi long intervalle, l'invention qui fut accueillie, à son début, avec un enthousiasme universel et qui réunissait le vulgaire et les savants dans les hommages qu'elle recevait de l'Europe entière. Dans cette période si admirablement remplie par le développement universel des sciences, lorsque tant de découvertes, obscures à leur origine, ont reçu des développements si rapides, et sont devenues le point de départ de tant d'applications fécondes, l'art de la navigation aérienne, si riche de promesses à son début, est resté entièrement stationnaire. Cet enfant dont parlait Franklin est devenu centenaire, sans avoir fait un pas.

Et après ces éloquentes paroles, sorties de la plume d'un des vulgurisateurs les plus intelligents de notre époque, nous traiterions en parias ces nobles victimes de l'aérostation qui ont sacrifié leur fortune, leur honneur et leur vie à la poursuite de cette chimère sans doute un jour réalisable, la direction des ballons!

Ainsi la vie de Dupuis-Delessert ne fut-elle pas un long martyre?

Il occupait un rang assez élevé dans le monde littéraire et dans le monde scientifique, mais les succès qu'il avait obtenus, comme auteur dramatique, ne pouvaient le détourner de l'aérostation, sa passion dominante.

Né le 25 mars 1802, il put connaître Montgolfier, Charles, Blanchard, Garnerin et Robertson. Tous avaient été ses amis, ses professeurs, ses émules. Il fit lui-même bon nombre d'ascensions, notamment une célèbre, avec cinq ballons réunis, qu'il appelait sa flottille aérostatique.

Il fut présenté au roi Louis XVIII, et Louis-Philippe ne voulut pas avoir d'autre aérostier que lui. Tout le monde l'aimait. L'Académie elle-même, si jalouse de ceux qui n'épousent pas toutes ses idées, adopta ce savant aimable et bon, dont la modestie était le plus grand tort.

Le grand Arago collabora avec lui pour l'élaboration de l'*électro-substructeur*, instrument qui, quand on le voudra, nous délivrera de la grêle en l'empêchant, non pas de tomber, mais de se former.

Membre du Cercle agricole, de celui des chemins de fer, secrétaire perpétuel de la Société aérostatique et météorologique de France, dont il était l'âme, il fit avec la recommandation de Geoffroy-Saint-Hilaire des conférences sur l'hélice aérienne, premier jalon de la direction des ballons.

Mais il était resté pauvre. Il acheva de se ruiner avec la construction de son ballon de cuivre, bien que Marey-Monge eût formulé un formidable anathème contre les enveloppes d'aérostats métalliques.

Le ballon achevé, il lui manqua l'argent pour faire une ascension. Ce malheureux aérostat est transporté sur une charrette, mais n'arrive pas à destination. Il est trop lourd. Les bras manquent, l'argent aussi. C'est un chaudronnier qui l'achète, cette œuvre qui avait coûté tant de peine et d'argent à son auteur, dans laquelle reposait son dernier espoir !

Dupuis-Delcourt ne perd pas courage. Avec l'aide de M. Regnier, il construit une machine volante dirigeable, de forme ellipsoïde, contenant un plancher sur lequel reposait un arbre, fonctionnant au moyen d'une manivelle. Cet arbre, qui s'étendait depuis le milieu de la nacelle jusqu'à son extrémité, était muni d'une hélice, destinée à faire aller horizontalement tout l'aérostat, un châssis mobile, recouvert d'une toile, le faisait monter ou descendre. Mais ces dispositions ingénieuses étaient loin de donner la solution du problème cherché. Dupuis-Delcourt ne put même pas en faire l'expérience.

L'aéronaute désespéré de ses insuccès et de sa ruine, se cache dans une misérable maison de la rue de Lourcine et il y mourut inconnu, oublié, sauf de Nadar, qui peut réunir une trentaine de personnes autour de son cercueil.

« Dupuis-Delcourt était du petit nombre de ceux qui aiment mieux recevoir les pierres que de les jeter. Qu'un autre vienne prendre cette place d'avant-garde s'il a le courage, la foi, le dévouement et surtout l'obstinée résignation. »

Ces dernières paroles terminaient le discours, que Nadar prononça, par une pluie battante, sur la tombe du doyen des aéronautes français.

Les tentatives de Dupuis-Delcourt, pour diriger les ballons, eurent beaucoup d'imitateurs en Amérique : Charles Genet par exemple, dont les insuccès n'ont pas eu assez de retentissement pour que nous en parlions.

Il n'en fut pas de même du colonel Lennox. Lui aussi, croyait avoir trouvé un système de direction. Il put, grâce à sa fortune, en appliquer les théories et faire construire l'*Aigle*, son navire aérien.

Le 17 avril 1834 eut lieu sa fatale expérience. Suivant le programme qu'il avait fait distribuer, son immense machine n'avait pas moins de 50 mètres de long sur 15 de haut, la nacelle était longue de 23 mètres et pouvait contenir seize personnes. L'enveloppe en soie imperméable devait conserver le gaz pendant quinze jours. Enfin, les moyens de direction consistaient dans une vessie natatoire, des rames tournantes et un gouvernail.

La foule était considérable au Champ de Mars, elle attendait le départ de l'*Aigle*, dont les formes peu élégantes n'excitaient guère la sympathie. On se répétait que le matin l'aérostat avait été à grand'peine conduit des ateliers de construction au lieu de l'ascension. L'*Aigle* se soutenant à peine lui-même, sa force ascensionnelle était nulle. Comment ferait-il pour enlever seize personnes, puisqu'il ne pouvait s'enlever tout seul, et que c'est avec beaucoup de peine qu'il avait atteint le terme de son voyage, en voiture !...

Hélas ! au moment de son ascension, il fut impossible au navire aérien de M. Lennox de quitter la terre, et comme dans toutes les expériences qui ne réussissent pas, l'inventeur fut hué, bafoué, insulté et, vengeance pitoyable d'un public déçu dans sa curiosité, l'aérostat fut mis en pièces et les morceaux vendus au coin des carrefours.

M. Lennox fut ruiné du coup; c'était un homme d'honneur dont les projets étaient sérieux, il s'est trompé et on lui jette la pierre.

Voici ce qu'en disait Dupuis-Delcourt lui-même :

— Il avait rencontré au début de ses travaux, en 1830, un véritable artiste, une âme élevée, sincère, le docteur Lebeirier. Ils avaient fait ensemble à Paris, les 27-28 août 1832, une ascension aérostatique des plus remarquables. Malheureusement M. Lennox, qui était riche alors et d'un caractère généreux et facile, se laissa circonvenir. Il eut le tort d'éloigner, ou plutôt de laisser s'éloigner de lui, le docteur Lebeirier, pour s'entourer d'hommes inexpérimentés, de parasites incapables, et malgré tout l'argent employé, il a complètement échoué dans une expérience dont le principe était bon. Les fautes commises sont alors incalculables.

En 1850, un nouveau projet voit le jour, un simple bonnetier de la rue Saint-Denis, nommé Petin, a trouvé un système de vaisseau aérien dont la science daigne s'occuper, et que la *Revue des deux mondes* définit en ces termes sévères, mais justes:

— Le problème de la direction des aérostats vient d'être remis à l'ordre du jour; un inventeur que n'a pas découragé l'insuccès de ses nombreux devanciers, a tracé le plan d'une sorte de vaisseau aérien. Il réunit en un système unique quatre aérostats à gaz hydrogène, reliés par leur base à une charpente de bois, qui forme comme le pont de ce nouveau vaisseau. Sur ce pont s'élèvent soutenus par des poteaux deux vastes châssis garnis de toiles disposées horizontalement. Quand la machine s'élève ou s'abaisse, les toiles présentent une large surface, qui donne prise à l'air, et elles se trouvent soulevées, ou déprimées uniformément par la résistance de ce fluide; mais si l'on vient à en replier une partie, la résistance devient inégale et l'air passe librement à travers les châssis ouverts. Il continue cependant d'exercer son action sur les châssis, encore munis de leurs toiles, et de là résulte une rupture d'équilibre qui fait incliner le vaisseau, et le fait monter ou descendre à volonté en sens oblique, le long d'un plan incliné.

Là est toute la nouveauté du projet de M. Petin. Il n'est pas impossible que cette disposition permette en effet d'imprimer à la machine une sorte de marche oblique, dans un sens déterminé et donne ainsi les moyens de substituer à la marche verticale, à laquelle les aérostats ont obéi jusqu'ici, une direction oblique, mais le mouvement est impossible quand le ballon est en équilibre ou en repos. Il est indispensable pour provoquer ces effets, d'élever ou de faire descendre le ballon en jetant du lest, ou en perdant le gaz. On n'atteint donc le but désiré qu'en usant peu à peu la cause de son mouvement.

Ce vice essentiel frappe au premier aperçu.

Nous ne suivrons pas la *Revue des deux mondes* dans le détail des défauts de l'appareil. Disons seulement que rien dans l'invention de M. Petin ne prouve, qu'il peut vaincre les courants atmosphériques.

L'hélice essayée tant de fois est sans force. L'auteur qui s'en est aperçu, a répondu à ce reproche en disant que l'hélice serait mue par la main des hommes, ou par tout autre moyen mécanique. Mais c'est précisément cet agent mécanique qu'il faut trouver dans la navigation aérienne, et c'est là ce qui manque au navire aérien de M. Petin.

Pour recueillir la somme nécessaire à l'exécution de son projet que patronne Théophile Gautier avec son lyrisme habituel, l'inventeur parcourt les grandes villes de province pour y exposer dans des confé-

rences, ses vues sur la navigation aérienne et la description de son ballon dirigeable.

Quand la machine fut complètement terminée,
Petin l'exposa, rue Marbeuf, aux Champs-Élysées.
Elle avait 70 mètres de longueur sur 10 de large
et 1216 mètres de superficie. Sa force ascensionnelle
était égale à 15,000 kilogrammes. Mais l'ex-bonne-
tier a attiré sur lui la méfiance des savants officiels,
et le préfet de police, circonvenu par une cabale or-
ganisée contre lui, refusa de laisser faire l'ascension,
dans la crainte très légitime de compromettre la vie
des personnes qui devaient monter avec Petin, dans
son navire aérien.

Ce n'était pas la faute de l'inventeur, s'il ne put
faire l'expérience de son invention, et cependant ses
adversaires en profitèrent pour l'attaquer avec plus
de fureur. Le malheureux fut obligé de quitter la
France.

La Grande-Bretagne ne lui est pas hospitalière, et
il passe en Amérique, où il exécute plusieurs ascensions dans un des ballons qui composaient son appareil. Dans l'une, il tombe en pleine mer et doit la
vie à une barque de pêcheurs qui arrive à temps
à son secours. Dans l'autre il tombe au milieu du lac
Pontchartrain.

On le retrouve à Mexico, puis à la Nouvelle-Or-
léans où, sur la place du Congo, il expérimente enfin

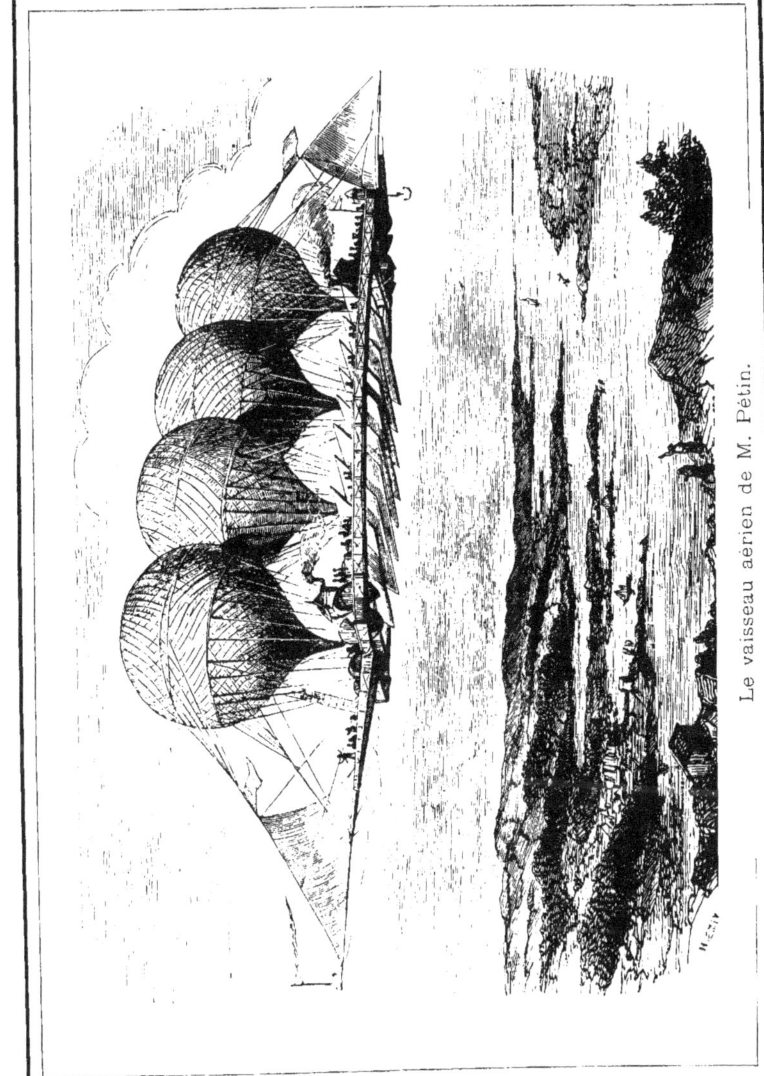

Le vaisseau aérien de M. Pétin.

la machine qui lui a coûté tant de peines et de soins.
La fatalité le poursuit encore. Les usines de la ville
ne fournissent pas assez de gaz à ses ballons et l'inventeur découragé, renonce à son projet, sur lequel
on ne peut par conséquent pas se prononcer.

M. Petin est revenu à Paris fatigué de ses voyages
infructueux. Après avoir fait tant de bruit en France,
il vit, oubliant et oublié, dans un établissement industriel où il occupe une modeste place.

Les systèmes se suivent et se ressemblent. Pas un
ne réussit à triompher de l'air et du vent. On dirait
que la série des catastrophes n'est pas épuisée. Les
mêmes accidents suivent les mêmes fautes.

Nous ne parlerons donc que pour mémoire des aérostats dirigeables de MM. Julien, Sanson, l'un mû
par un mouvement d'horlogerie, l'autre par des clapets en plumes, dont les expériences furent loin
d'être concluantes. Nous citerons encore M. Helle, qui
avait combiné un système de volants et d'hélice, placés
dans la nacelle, où deux hommes les mettaient en
mouvement; et enfin M. Dupuy de Lôme, dont l'aérostat n'a donné aucun résultat appréciable, et nous terminerons par le ballon à vapeur renversée de M. Henri
Giffard.

Nous ne recommencerons pas la description de ce
système qu'on retrouvera en partie dans le voyage
du capitaine Sainte-Hélice. Ce ballon est pour nous le

dernier mot actuel de la science des ballons dirigeables. L'avenir de l'aérostation appartient peut-être à
cet habile ingénieur, dont tant de constructions splendides ont fait la célébrité, et à qui son immense fortune permet de jeter dans les airs une centaine de
mille francs, quand il s'agit d'expérimenter une invention utile aux aérostats. La navigation aérienne au
moyen des machines à vapeur résoudra, grâce au
temps et à l'argent, ce grand problème de la direction
des ballons. N'en doutons pas pour l'honneur de notre siècle. Que du moins cette admirable découverte
appartienne à la France ! Le sang de nos aéronautes
l'a bien payé !...

La nacelle du ballon captif.

CHAPITRE X

Les voyages en vaisseau volant du capitaine Sainte-Hélice.

— Et vous, capitaine, croyez-vous à la direction
des ballons ?

— Moi, répondit froidement le capitaine, je crois
à tout ce que les hommes déclarent impossible, invraisemblable, chimérique. Ceux qu'on traite de fous,
sont pour moi les sages. De Cyrano de Bergerac à
Montgolfier et de Charles à Nadar, il n'y a pas tant
de distance qu'on peut croire. Les savants ont de tout
temps puisé, malgré eux et en dépit de leur morgue
officielle, dans les inventions des imaginations mala-
dives ou surmenées par le travail.

— Eh ! quoi, capitaine, vous supposez possibles
les théories du plus lourd que l'air, et vous les mettez
au même rang que les vessies de Cyrano ?

— D'abord, je suis payé pour croire au plus lourd
que l'air. Quand on a été en vaisseau volant...

Des cris d'incrédulité et d'admiration répondirent à cette affirmation du vieil aéronaute qui, impassible, l'œil plongé dans l'espace, murmurait des paroles qu'il avait plutôt l'air de s'adresser à lui-même qu'à ses interlocuteurs.

La scène se passe dans la nacelle du ballon captif de M. Giffard. Il y a là en tout treize personnes, nombre fatidique dont nul ne s'inquiète. Le ballon est sous la surveillance directe d'un vieil aéronaute rompu au métier, mais qui après avoir, comme Dupuis-Delcourt, sacrifié sa fortune à l'étude de l'aérostation, était venu échouer dans le rôle d'un comparse de l'aérostat captif. On l'avait, pour lui faire plaisir, surnommé le capitaine et son nom n'étant pas très connu, vu la difficulté qu'on avait à le prononcer — un nom en *of* et en *czi*, norvégien, polonais ou peut-être bellevillois — on le désignait familièrement sous celui de Sainte-Hélice.

Le capitaine Sainte-Hélice, à l'arrière de la nacelle suivait la manœuvre d'un œil distrait. Les voyageurs tâchaient de le faire parler, pour se venger par les récits du *capitaine*, de la déception qu'ils éprouvaient d'être montés ce jour-là dans la nacelle du ballon captif.

Le vent, en effet, soufflait avec fureur, et des brouillards opaques cachaient impitoyablement la vue du panorama de la capitale et de ses environs.

Mais la déception était un peu moins forte pour cette fournée de voyageurs, qui avaient l'habitude de monter dans le ballon captif et s'étaient promis depuis longtemps de faire parler le capitaine.

Aussi se hâtèrent-ils de reprendre le fil de la conversation, que leurs cris incrédules ou admiratifs avaient subitement tranché.

— En vaisseau volant, capitaine, est-ce possible ?

— Plus que possible, sûr, leur fut-il répondu sèchement.

— Racontez-nous donc çà, hein ?

— Trop long.

La nacelle montait lentement dans le brouillard nuageux, ballottée par le vent et causant à l'estomac des voyageurs cette impression désagréable du mal de mer, à laquelle on échappe difficilement.

Soudain le capitaine se baissa, fit un abat-jour avec sa main posée sur les yeux et regarda longuement dans la direction où l'amarre se déroulait et venait de subir un brusque arrêt.

— Tiens, fit-il, un accident.

— Est-ce grave ? s'écrièrent les dames effrayées.

— Sera-ce long ? dirent les hommes tout à leur idée de faire parler Sainte-Hélice. Cela vous donnerait le temps de raconter votre histoire.

— Peut-être, répondit le capitaine.

Le ballon captif, que tout Paris a pu voir pendant

l'exposition de 1878, était d'un volume énorme et cubait 5,000 mètres de gaz, un peu moins que le *Géant*.

Pour retenir attachée au sol cette masse et pour combattre l'effet du vent, il fallait un puissant effort mécanique.

Voici comment nous l'explique M. Louis Figuier :

La surface du ballon qui donne prise au vent est représentée par son grand cercle qui est de 300 mètres carrés environ. Avec un vent ayant une vitesse de 18 mètres par seconde, la force qui s'exerce contre la surface du ballon est d'après cela de 1,500 kilogrammes. Une telle puissance coucherait le ballon sur le sol, ou l'empêcherait de s'élever, s'il ne jouissait pas d'une force ascensionnelle considérable, et si l'on n'employait quand il s'agit de le ramener à terre, non de simples cordes, comme le faisaient les aérostiers de la République, mais un véritable câble de vaisseau, pouvant s'enrouler et se dérouler sur un treuil, au moyen d'une machine à vapeur.

Cette machine fait tourner l'arbre d'un treuil dont les dimensions sont d'un mètre de diamètre et de 6 mètres de longueur. La longueur du câble est de 330 mètres et il pèse 900 kilogrammes, poids qui, pendant l'ascension, vient s'ajouter à celui du ballon, de ses agrès et des personnes embarquées.

Ce câble va en diminuant graduellement de calibre

depuis son point d'attache à la nacelle, jusqu'à son extrémité inférieure fixée au treuil. Son diamètre est de 8 centimètres à la nacelle et de 4 centimètres seulement à son extrémité fixée au treuil. Sa résistance à la rupture, est à son gros bout de 50,000 kilogrammes, et à son petit bout de 12,000 kilogrammes, ce qui représente dix fois plus de puissance que la force ascensionnelle du ballon. En effet, l'effort du ballon par un grand vent est de 3,000 kilogrammes quand il est parvenu au haut de sa course. On voit donc que le câble a une résistance décuple de la puissance qu'il doit combattre, ce qui assure toute sécurité aux personnes placées dans la nacelle.

La machine à vapeur qui fait marcher le treuil est de la force de 50 chevaux. Elle se compose d'une chaudière placée hors de l'enceinte, et de quatre cylindres à vapeur marchant à la pression de quatre atmosphères. Il suffit de donner accès à la vapeur dans les cylindres pour ramener à terre l'aérostat et sa cargaison.

L'attache du câble à la nacelle est ce qu'il y a de plus remarquable et de plus neuf dans ce système mécanique. Au milieu de l'enceinte, se trouve une cavité circulaire de 3 mètres de hauteur et de 1 de large, dans laquelle descend et se meut la nacelle. Le câble partant du treuil vient aboutir à cette cavité, par un tunnel souterrain.

La corde, avant de s'attacher à la nacelle, passe sur une poulie rendue mobile par le système de suspension connu en mécanique sous le nom de suspension de Cardan. C'est un axe articulé, ou doublement coudé, qui permet à la poulie de tourner sur elle-même, de manière à pouvoir suivre, sans que le câble ait à s'en ressentir, tous les mouvements de la nacelle et par conséquent du ballon.

Ces détails que nous prête si généreusement M. Figuier, nous étaient nécessaires pour faire comprendre le léger accident survenu au ballon captif, et qui devait laisser pendant une heure la nacelle suspendue dans l'air, et exposée aux fureurs du vent.

Cet accident, du reste, va nous valoir la primeur du voyage en vaisseau volant du capitaine Sainte-Hélice.

Pour modérer la vitesse de la descente, le treuil porte deux freins, dont l'un oblique, presse au besoin l'arbre du treuil, pendant qu'un long levier, assez semblable à celui des locomotives, le fait tourner dans un sens ou dans l'autre. C'est le levier qui fait partir la masse colossale de l'aérostat, l'arrête dans sa course, ou le ramène à terre, au moyen d'un jeu de quelques millimètres d'un robinet ouvert ou fermé.

Était-ce négligence du mécanicien, ou simplement un trop long service, le levier ne jouait plus, et ne parvenant pas à changer le sens du travail des pistons, refusait d'obéir à la manœuvre.

La résistance pouvait faire casser le câble à son extrémité, en l'usant sur la poulie, ou bien en lui imprimant une secousse trop forte, mais l'accident était prévu. Le remède ne serait pas long à trouver; il manquait seulement l'œil et la main du maître qui ne tarda pas à arriver. L'accident n'eut pas de suite; et moins d'une heure après, la nacelle ramenait ses voyageurs effarés. Pour les dédommager, un second voyage leur fut offert gratuitement, et comme le temps s'était mis au beau, et que le capitaine n'avait pas achevé son récit, pas un d'eux ne refusa.

Sur une question qui lui avait été posée d'un air narquois, Sainte-Hélice avait commencé ainsi :

— Certes, si le câble cassait, nous n'irions pas dans la lune, mais dans un cas pareil, ce n'est pas l'atmosphère que l'on doit redouter, — on reste trop peu de temps là-haut et les courants vous entraînent trop vite, — mais bien l'endroit inhospitalier où l'on peut atterrir.

Ce sera, si vous le permettez, le sujet de la première partie de mes aventures.

J'adore les innovations et je ne vous cacherai pas que j'ai été, — je le suis encore! — désabusé sur l'utilité des ballons à gaz. Ils ne prouvent rien et ne servent à rien, tels qu'ils sont aujourd'hui. Montgolfier n'a pour moi qu'un mérite, c'est d'avoir prouvé à l'homme qu'il pouvait s'élever dans les airs. Quant au moyen de se diriger, il existe, mais s'il est trouvé, il n'est pas applicable ou il n'est pas appliqué.

Ce moyen, je l'ai cherché longtemps et ne l'ai trouvé que par hasard. Trouvé, à la manière de celui qui trouve dans la rue un porte-monnaie, qui ne lui appartient pas.

En 1867, j'étais professeur de physique au collège royal d'Upsal en Suède, j'avais derrière moi un passé qui militait peu en ma faveur. Je n'étais qu'un savant fourvoyé dans les aérostats. Aéronaute endurci, victime de plusieurs ascensions, je quittai volontairement, mais à regret, cette science dont on finissait par ne plus faire qu'un métier, et finalement j'échouai, après vingt ans de courses infructueuses en ballon, dans la chaire de physique d'un collège royal.

Je fus brutalement révoqué, pour avoir osé, en pleine classe, parler des aérostats. J'amusais trop mes élèves, qui ne s'en plaignaient pas, en leur prouvant que les ballons pouvaient facilement être dirigés, à condition qu'on supprimât les ballons, et que rien n'empêchait l'homme, habitant de la terre, d'aller rendre visite au sélénite habitant de la lune.

Cette révocation fit grand bruit. Le monde scientifique, révolutionné déjà par les théories du plus lourd que l'air, rechercha le professeur révoqué pour lui arracher le secret de sa découverte, mais on ne me trouva pas. Si j'avais su ! mais le croiriez-vous, j'igno-

rais l'intérêt que la science prenait à mon faible in-
dividu, surtout en France. Et pourquoi? précisément
parce que j'étais occupé en France à chercher un
auditoire moins sévère et plus convaincu.

Et je ne trouvais que l'indifférence. A peine pus-je
me faire entendre, dans des salles louées aux clubs
politiques. Le vent de la discorde soufflait déjà, et les
Français ne songeaient plus à la solution du plus lourd
que l'air. Le *Géant* avait dit son dernier mot.

Craignant que mon nom et mon titre de professeur
révoqué, ne me fissent du tort, j'en avais changé. Je
m'appelais Jackson et j'étais aéronaute. Il me fallait
de l'argent. Pour en avoir, je suivis toutes les fêtes
publiques des villes de province, où l'aérostation n'é-
tait guère connue que par ces exhibitions d'un mon-
sieur hâve, dépenaillé, montant dans un panier d'osier
troué, suspendu à un ballon rapiécé. C'étaient les
charlatans de l'aérostat, disparus aujourd'hui ou à peu
près.

Sur mes économies, j'avais fini par m'acheter un
ballon tout neuf, immense, splendide. Je l'étrennai
à Montmoreau, au bénéfice des pauvres. Comment
fut-il gonflé? Je le sus trop tard.

J'avais payé, pour avoir cet hydrogène pur, que les
armées de Sambre-et-Meuse employaient sur les données de Lavoisier, et qu'on obtenait en substituant le fer
au charbon et en supprimant la carburation produite

pour la décomposition des huiles de schiste. Il est probable que les ouvriers, trouvant que le fer exigeait une température plus haute et plus soutenue que le charbon, avaient substitué le charbon au fer. Au lieu d'être chargé d'hydrogène pur, le ballon se trouvait donc chargé d'une grande quantité d'oxyde de carbone, dont quelques parties suffisent pour donner la mort.

Je partis aux applaudissements de la foule, mais à 1500 mètres d'élévation la pression de l'air ambiant permit à l'hydrogène de se dilater. Il fusa par l'appendice intérieur et environna la nacelle. Je fus asphyxié en quelques secondes.

Il faut remarquer qu'en voyageant dans une ligne horizontale, et relativement à l'air dont il est entouré, le ballon se trouve dans une complète immobilité. C'est l'air qui marche. Tout est immobile autour de lui. La flamme d'une bougie ne s'éteindrait pas, même si le ballon faisait vingt lieues à l'heure. C'est un bouchon dans un courant d'eau. Ce n'est pas lui qui avance, mais l'eau dans laquelle il est plongé.

Mon asphyxie, heureusement partielle, m'empêcha de voir ce qui se passait. Je me rappelle seulement, qu'un courant aérien avait saisi mon aérostat et l'entraînait rapidement au-dessus de l'Océan. Je m'évanouis sous la vapeur empoisonnée.....

Mais soudain un air violent me ranima. Le ballon

dégonflé faisait voile et le vent s'engouffrant dans cette voile, m'entraînait avec une rapidité qui, non seulement me donnait le vertige, mais encore gênait ma respiration, à peine débarrassée de l'odeur méphitique du carbone.

J'étais au plus à 200 mètres de terre, ou plutôt de mer, car je voguais à pleine voile au-dessus de l'Océan. Le ballon s'abaissait de plus en plus et n'obéissait guère à l'action du vent. La nacelle sautait sur les flots et, chose inquiétante, j'apercevais plusieurs requins à ma remorque.

Ah! comme la France devait être loin! Dans quel continent pouvais-je bien me trouver?

Tout à coup, je me sentis rouler sur la grève ; mon ballon s'était accroché à des rochers, les cordes s'étaient coupées et la nacelle, en se renversant, m'avait déposé au fond d'une petite crique, où le sable était doux comme de la mousse.

La mer calme, sous les tiédeurs du vent qui se changeait en brise, baignait doucement cette crique enserrée de rochers noirs, et qui me paraissait sans autre issue que la grève à marée basse.

Endroit charmant, plein de poésie et de rêverie, que les baigneurs de la côte devaient sans doute connaître et fréquenter. Il me semblait moi-même y être déjà venu. D'après le peu de temps qu'avait duré mon voyage, — je le supposais du moins, — d'après la température, la configuration des lieux, la ligne tourmentée des côtes silencieuses et solitaires, je me crus en Bretagne ou en Écosse. Mais, les requins me revenant à la mémoire, je me désabusai bien vite. Il est clair que je n'étais plus en Europe.

Et alors je me mis à songer que j'avais, sans le savoir, effectué un voyage à la voile, dans l'air. Ce n'était pas la direction des ballons, mais c'en était au moins la preuve de la possibilité.

Un bruit incompréhensible me fit tourner la tête. On eût dit que j'étais près d'une usine. On entendait comme des marteaux frappant le fer et des varlopes glissant sur des charpentes.

J'allai du côté du bruit, marchant avec peine, la tête engourdie, les yeux éblouis, les oreilles bourdonnant, comme un homme ivre enfin, qui sortirait d'une rivière où il aurait failli se noyer.

Il fallut me mettre dans l'eau pour sortir de là, et comme je remontais sur la grève par un chemin très accessible, je vis devant moi plusieurs hommes qui me regardaient venir et m'attendaient. Les épaves de mon ballon les avaient prévenus de mon arrivée.

Quelques minutes après je me trouvai enveloppé dans de chaudes couvertures, reconforté par une tasse de thé, et couché sur un lit d'herbes, non loin d'un grand feu devant lequel rôtissait un animal entier, que je ne pus nommer. En face de moi, sous un hangar grossièrement édifié, était un atelier de serrurerie et de menuiserie, et dans le fond une machine immense ressemblant à un radeau, compliqué de deux hélices, d'un gouvernail et d'une minuscule machine à vapeur, à foyer renversé.

J'en détaillais tout le mécanisme sans le comprendre. Les explications que mes hôtes inattendus me donnèrent, en excellent anglais, me firent bientôt connaître leur situation et le but de leur engin.

C'était ce qui restait, hommes, ferrures, bois et machines, du bateau à vapeur *l'Atalante* que l'Angleterre savait perdu corps et biens. Ils avaient échoué, vers le sud de l'Afrique, sur les côtes d'une île encore inexplorée et que leur aventure devait signaler à l'attention de l'Angleterre, toujours prête à planter son drapeau sur des continents inconnus et inhabités.

Le bateau se brisa sur les rochers, et y laissa accrochées ses épaves, comme ma nacelle y avait accroché ses cordages, semant son équipage sur la grève, où ceux que l'Océan n'avait pas engloutis, trouvèrent un refuge assuré.

Ils étaient une vingtaine. Pas une seule femme. Tous étaient d'habiles ouvriers, émigrants qui allaient chercher fortune en Australie. Il y avait là deux mécaniciens, un horloger, un menuisier, un serrurier, des tailleurs, des cordonniers, etc., — un aéronaute !....

Oui, un aéronaute, un partisan du plus lourd que l'air, un émule de Nadar, et le plus curieux ! un prosélyte que j'avais fait sans le savoir, de mes idées que je n'avais pas exposées !... Il me connaissait sous un nom qui n'était pas le mien, grâce à une réputation qui n'avait servi qu'à me faire révoquer !

Les naufragés restèrent quinze jours sur cette plage déserte et inhospitalière. Pas une voile à l'horizon. Le cap des Tempêtes, voisin de l'île, en éloignait les vaisseaux.

Heureusement que le bateau accroché aux rochers avait ses vivres, sa poudre, ses armes, ses outils à peu près intacts, mais au bout d'un mois les provisions avaient sensiblement diminué, une série d'orages et de tempêtes leur avait encore enlevé l'espoir qu'un vaisseau, passant au large, viendrait les délivrer. Il fallut songer au salut et au rapatriement, mais comment faire ? Il était impossible de remplacer le bateau qui, du reste, n'avait plus ni mâts ni voiles. C'est alors que l'aéronaute s'écria :

— Eh bien ! nous partirons en ballon !

Cette proposition ne fit même pas rire, tant la situation était terrible. On se contenta de répondre :

— Nous sommes vingt ! Il faudrait plusieurs ballons.

— En ballon, sans ballon, cria l'enragé aéronaute.

Et il exposa son idée, dont le résultat fut la confection de cette machine qui m'intriguait tant, et que les naufragés avaient construite dans toutes les règles de l'art — du plus lourd que l'air.

Elle était simple et compliquée à la fois. Toutes les idées, tous les plans avaient été admis et confondus. Rien n'était homogène. Le but seul avait été atteint, et on n'avait pas cherché autre chose. D'abord les naufragés n'avaient à leur service que l'outillage du bord, et le bois et le fer du bateau démâté. Il restait aussi le jeu des pistons de la machine à vapeur et l'hélice à peu près intacts. Quelques voiles de cordages complétaient leurs ressources.

Figurez-vous un plateau long d'une dizaine de mètres, large de trois, imitant la forme d'un pont de vaisseau, bordé d'une balustrade, fermé à la poupe par un gouvernail et coupé au milieu par une toute petite machine à vapeur, placée un peu en dessous, et près de laquelle on avait ménagé, de chaque côté, assez de place pour le chauffeur et le mécanicien, ainsi que pour l'approvisionnement d'eau et de charbon.

La chaudière était verticale, à foyer intérieur sans tubes à feu et recouverte à l'extérieur d'une enveloppe de tôle. Le tuyau de la cheminée était dirigé de haut en bas. Enfin le tirage s'opérait au moyen de la vapeur, comme dans une locomotive. Du dehors on ne voyait pas la moindre trace de feu.

Cette vapeur faisait mouvoir une hélice plantée au

bout d'un mât, lequel, en pivotant, déroulait un filin d'un demi-centimètre de diamètre. Ce filin était tressé de fils de caoutchouc, dont le bateau naufragé avait un fort chargement pour Sidney. En cas d'accident on en avait tressé une grande quantité.

La machine à vapeur faisait tourner ce mât et y enroulait les deux cents mètres de filin ; dès qu'elle s'arrêtait, le fil de caoutchouc, livré à lui-même, se déroulait tout seul avec une rapidité qu'on pouvait maîtriser, et, en se déroulant à son tour, faisait mouvoir l'hélice. Celle-ci donnait au plateau une force ascensionnelle à laquelle aidait un levier cylindrique, que la force de la vapeur changée de direction faisait mouvoir verticalement et qui, en poussant automatiquement sur un tampon, soutenait en l'air le tablier du pont. Quand l'hélice avait fini son jeu ascenseur, le levier cessait aussi et alors apparaissaient la voile, le gouvernail et les parachutes.

Le gouvernail n'était autre que celui du bateau, mais en plus petit et plus léger; son office était le même aussi. Près de lui flottait une voile destinée à prendre le vent, mais qu'on ne devait employer qu'avec discrétion. Au milieu et à l'autre bout s'élevaient deux parachutes, l'un grand, l'autre petit, retenus au bord par des cordelettes quand ils étaient déployés, et placés comme un parapluie dans un étui, quand on n'avait pas à s'en servir.

L'équilibre était maintenu au moyen de sacs à lest qu'on pouvait déplacer ou enlever selon les besoins. A droite et à gauche, en dehors de la balustrade, étaient deux petites hélices à larges palettes qui, maniées à la main et livrées à elles-mêmes, aidaient la voile à faire marcher le ballon et le gouvernail à le diriger.

L'appareil tout entier ne pesait guère plus de 2,500 kilogrammes y compris son chargement. Les essais avaient donné d'excellents résultats. On avait pu élever deux, puis quatre. puis dix personnes, à la hauteur de 30, 40, 100 mètres. Un jour de grand vent, on s'était servi de la voile, et avec le gouvernail et les hélices de côté, on avait pu marcher en se dirigeant et en virant. Enfin, grâce aux parachutes, la machine à vapeur étant au repos, les hélices immobiles, on s'était maintenu en l'air, et on était descendu lentement sur un point désigné à l'avance.

On ne touchait jamais terre. A la distance de 2 mètres, quatre leviers en fer tombaient de chaque côté et le vaisseau volant ressemblait ainsi à une vaste table.

C'était merveilleux de précision et de simplicité. La partie mécanique avait été la mieux soignée. Ce qui m'étonna surtout, car cela entrait tout à fait dans mes idées, ce fut le jeu des parachutes, disposés de manière qu'en tirant sur les cordelettes à droite ou à gauche et imbriquant ainsi son toit d'étoffe, on pouvait fendre l'air obliquement vers la droite ou la gauche voulue. Cette déclinaison imprimée à la plate-forme lui fournissait déjà un moyen assuré de direction.

L'application était-elle possible? Malgré moi j'en doutais, mais je n'eus garde de faire part de mes doutes à ces pauvres naufragés de la mer, qui allaient s'exposer à ces naufrages de l'air bien plus terribles. Ils n'avaient que ce moyen et ils en profitaient. Moi, naufragé de l'air, je fis comme eux, et, après avoir étudié le mécanisme du vaisseau, j'en acceptai le commandement qu'ils m'offrirent.

Quand tout fut embarqué à bord, provisions de bouche, — hélas! il y en avait bien peu ! — provision d'eau et de charbon, cordages, caoutchouc, voiles de rechange, parachutes mobiles, je fis monter les naufragés et je donnai le signal au mécanicien. La vapeur siffla, le mât se mit à tourner et quand tout le filin se fut enroulé, je criai : « Tenez-vous bien, nous montons! » En effet l'hélice se mit à tourner et nous montâmes majestueusement. Tous, la tête découverte, l'œil mouillé de larmes, le cœur battant à rompre la poitrine, nous contemplions ce spectacle. Chacun était à son poste, les supports avaient été remontés, les parachutes dégagés de leur étui, la voile carguée et les hélices transversales remontées de manière à jouer au moment précis.

A 100 mètres de hauteur notre vaisseau aérien s'arrêta, les parachutes s'ouvrirent et le soutinrent, je les fis imbriquer du côté opposé au vent remettant l'hélice en mouvement par la machine à vapeur. Puis on ferma le parachute, la voile fut ouverte directement sous le vent, le gouvernail indiqua la direction, et, tout en nous élevant, nous nous aperçûmes — que nous marchions!!...

C'était un dimanche matin, le temps était splendide, peu de vent pour nous aider, mais pour le moment nous n'avions besoin que de l'air. Quand nous fûmes à 600 mètres de hauteur, je laissai reposer l'hélice et ne me servis que des parachutes. Une faible brise nous porta mollement vers la droite et, en consultant la boussole, je vis que nous allions au nord-nord-est. Les passagers étaient radieux. Le vaisseau voguait dans la direction probable de l'Australie, mais peu m'importait d'aller n'importe où. Je tenais la solution du problème du plus lourd que l'air et je saurais bien en profiter une fois en Europe.

Il y avait quatre heures que nous étions dans les airs. Au-dessous de nous l'Océan s'étendait à perte de vue. Notre île était déjà loin. La direction ne changeait pas. Je voulus aller plus vite et me servir de la voile.

Je commandai donc au timonier de se tenir prêt, et au mécanicien de remonter l'hélice, afin de me permettre de trouver un de ces courants aériens qui sont fréquents dans l'air à la hauteur de 1500 mètres au plus. Nous montâmes en effet, et quand je crus avoir trouvé un courant favorable, je fis déployer la grande voile et marcher les hélices transversales.

Alors je m'aperçus seulement que j'avais, comme le singe, oublié d'allumer ma lanterne. Sans aérostat qui pût maintenir le pont dans sa position normale et sans parachutes, lesquels m'auraient gêné pour la marche rapide que je cherchais, je ne pouvais m'assurer la direction, ni maintenir l'équilibre, ni marcher, en un mot. Nadar et Babinet, c'est-à-dire la fantaisie et la science, s'étaient trompés dans leurs combinaisons. Il manquait quelque chose! — Un ballon. Il fallait un contrepoids à la force du dessous, et c'était justement le ballon qui l'aurait fourni. — Décidément, dis-je en moi-même, l'hélice n'est que l'humble servante de l'aérostat. Si la machine s'éteignait, nous tomberions, comme Icare, dans la mer. Le caoutchouc s'use, le charbon s'épuise... Nous sommes perdus. Les parachutes nous sauveraient sur terre, mais ici?...

De grands cris m'arrachèrent à mes réflexions. C'étaient des cris de terreur, notre vaisseau se mettait à virer sur lui-même, indocile au gouvernail et à la voile, et tournait, tournait comme une toupie en montant toujours. — On eût dit une vrille faisant un trou dans l'air. Ce mouvement de rotation devint même si fort qu'il nous jeta tous à plat ventre, ce qui compromit l'équilibre. Le pont bascula et nous aurions tous chaviré si je n'avais fait jouer un parachute.

Peine inutile et dangereuse. Le parachute fut mis en morceaux et le pont bascula dans tous les sens, roulant sa cargaison humaine. Le moment était proche où tout allait se renverser sens dessus dessous, si je n'y avisais promptement.

J'allai près du mécanicien pour faire arrêter la vapeur, mais celui-ci refusa de m'écouter. Le chauffeur me menaça même de son revolver. Ils étaient ivres tous les deux.

Que faire? Le vaisseau montait toujours en tournant et tout droit. A quelle hauteur étions-nous bien? Il fallait dix minutes au plus à l'hélice pour nous hisser de 100 mètres et il y avait déjà plus de deux heures que l'hélice marchait sans autre interruption que celle nécessaire au déroulement du caoutchouc. Nous devions être à 1400 mètres d'altitude à peu près.

Et rien n'arrêtait cette montée directe. Par malheur la nuit était venue et un courant aérien, nous prenant à revers, nous faisait glisser avec une rapidité qui compliquait sensiblement le roulis.

Un craquement soudain, une secousse épouvantable, — on eût dit que deux mains avaient saisi
notre plate-forme, et la secouaient comme on secoue
un tapis, — me firent apercevoir que les fils de
caoutchouc s'étaient brisés.

— Tant mieux, me dis-je, nous allons descendre.

J'ouvris le parachute resté libre, et je fis ouvrir
les parachutes de rechange, en les inclinant contre
la poussée des courants, mais il me fut impossible
de plier la voile, ni d'arrêter les hélices transversales
qui, disposées comme les ailes d'un moulin à vent,
tournaient sur leur axe sans qu'on eût les moyens
de les arrêter.

Le pont était très incliné du côté opposé au gouvernail. On ne pouvait y marcher qu'en rampant ou
en s'accrochant aux cordages qui retenaient les parachutes à la balustrade. La position n'était plus tena-
ble. On ne descendait pas, et l'air, en s'engouffrant
dans les parachutes, nous préservait d'une chute, tout
en empêchant notre salut.

Le mécanicien et le chauffeur s'étaient endormis.
La machine s'éteignait. Il s'agissait de trouver un
moment d'accalmie pour enrouler de nouveaux filins
de caoutchouc autour du mât et entretenir le feu.
On en eût profité aussi pour recoudre le grand parachute, notre principal sauveur, le seul qui remplaçât
tant bien que mal l'aérostat qui nous manquait.

Mais où trouver ce moment? A peine si on respirait et si on se tenait debout. Et le courant, enlevant comme une plume notre fragile édifice, nous faisait marcher à 40 lieues à l'heure !

Seulement je remarquai, au plan d'inclinaison de la plate-forme qui diminuait, que nous descendions, mais comme nous nous remettions sur nos pieds, cette inclinaison changea subitement. Ce fut le côté du gouvernail qui bascula. Le danger était toujours le même.

Depuis que l'hélice était immobile, nous ne tournions plus et nous pouvions envisager notre position dans toute son horreur.

L'aéronaute qui est dans sa nacelle, d'où il ne peut guère être précipité, suit de l'œil son ballon et lui impose encore sa volonté. Là nous ne pouvions rien faire. Nous étions le jouet de l'air, dont le moindre caprice nous aurait lancés dans l'espace.

Et ce que je craignais arriva. Le courant changea et nous prit à revers. Je vis venir le danger.

— Attention ! m'écriai-je, tenez-vous bien!...

Il était temps pour ceux qui m'entendirent. La plate-forme bascula sur elle-même et se mit à tourner en sens inverse du plan, avec assez de rapidité pour que ce mouvement ne précipitât pas en dehors ceux qui étaient restés sur le pont.

Avez-vous vu tourner un cerceau sur lequel on a

mis un verre rempli d'eau? Pas une goutte ne tombe, grâce à la rapidité de la rotation du cerceau. Eh bien! nous étions dans la position du verre et de son contenu, c'est nous qui étions le contenu!...

Vous ai-je dit que la nuit était limpide et le ciel très étoilé? On se trouvait au mois de septembre, ce mois si fécond en étoiles filantes. Du firmament tout autour de nous, il en pleuvait des milliers. On eût dit que nous allions les toucher avec la main, de temps en temps un météore igné traçait une ligne de feu dans l'espace, un bolide éclatait sur nos têtes, nous couvrant de poussière de fer.

J'y songeais quand le courant nous roulait sur nous-mêmes, et je me mis à penser que notre seul moyen de salut était que le hasard nous mît sur le chemin d'un bolide!

C'est une idée stupide, n'est-ce pas? qui ne pouvait germer que dans un cerveau malade.

Eh bien! la chose arriva telle que je l'avais pensée, cependant d'une autre manière, moins vraisemblable encore.

Cette année-là, il y avait une révolution planétaire ou sidérale aux cieux. Les vieux mondes s'agitaient. Le soleil, un des plus jeunes de l'immensité, devait sans doute imposer silence à cette agitation en lançant de ses volcans en fusion ces bombes incendiaires qui sillonnaient l'espace et réduisaient

en poussière, les morceaux de lave que la vieille
lune laissait tomber de ses volcans éteints.

Oh ! je ne veux faire ni de la poésie, ni de la science.
Je ne suis ni poète, ni savant. Je raconte un fait
inexplicable. Je l'ai subi sans le comprendre. J'ai vu
l'effet et n'en connais pas la cause.

Quand le pont s'était retourné, quelques-uns de
mes malheureux camarades surpris par cette volte-
face avaient été précipités dans l'espace, le mécanicien et le chauffeur, les premiers. Par malheur il
restait encore du feu dans le cendrier. Ce feu enflamma
les cordelettes, et, activé par l'air, se communiqua
au pont.

Cette fois, nous étions irrémédiablement perdus.
Je lâchai l'appui auquel je me tenais accroché et
me laissai aller, préférant la mort par une chute qui
pouvait ne pas être mortelle, si je tombais dans
l'océan, que la mort par le feu ou l'asphyxie dont j'a-
vais souffert assez pour ne pas vouloir recommencer.

L'air ne voulut pas de moi, par la raison que j'ai
donnée plus haut.

Le verre d'eau tournait bien, mais ne lâchait pas
l'eau qu'il contenait. Il fallait, pour que je tom-
basse, un brusque arrêt dans la rotation rapide de
notre édifice aérien.

Et l'édifice tournait sans rémission. La fumée
nous étouffait en attendant que le feu nous rôtît, car

nous étions dans la position d'un poulet à la broche:

Tout à coup, nous sentons ce brusque arrêt que je craignais, tout en le demandant. Puis notre appareil se met à filer avec une vitesse centuplée. Le feu est éteint. Nous sommes même mouillés, trempés jusqu'aux os ; autour de nous des morceaux de glace fondent sous une chaleur de 30° au moins. Notre vaisseau est mis en pièces et je me trouve à cheval sur une sorte de quartier de roc, mou, friable, qui soudain se dérobe sous moi.

Je tombe et me relève aussitôt sans contusions sérieuses, et devant moi, je vois s'éloigner un météore, c'est ce qui reste du vaisseau volant rencontré par un bolide et que le bolide entraîne. Un peu plus loin, second éclat. Un aérolithe tombe. Un peu plus loin, même phénomène. Le bolide sème avec ses débris mes malheureux compagnons de naufrage !...

Où suis-je? mes yeux, brûlés par l'éclat du météore, ne distinguent plus les objets. Je sens que j'ai très froid et que mes vêtements se gèlent sur ma peau. Je touche, de la glace, je marche, de la glace encore. La nuit est sombre. De gros nuages chargés de neige enveloppent une vaste nappe hérissée de blocs blanchâtres. Je grelotte et ne suis moi-même bientôt qu'un vaste morceau de givre. Je m'avance et glisse. Des formes blanches s'agitent tout autour de moi. J'entends comme le bourdonnement d'une vaste fourmilière. Le sol craque sous mes pieds. Des quartiers énormes de glace tombent avec fracas.

Malheureux ! Je suis dans les glaces du pôle, et si le froid ne me tue pas, messieurs les ours blancs sont là pour me dire qu'ils sont déjà à table, que le couvert est mis, et que je ne les fasse pas attendre !...

Eh quoi ! avoir été asphyxié, noyé, brûlé, et être encore mangé !

Je ne savais que devenir, mes pieds s'étaient pris dans le sol gelé, et je faisais déjà partie du bloc de glace, quand...

. . . .

La nacelle du ballon captif venait de toucher terre. Les voyageurs allaient descendre, quand on leur offrit, pour les dédommager, le second voyage dont nous avons parlé.

Tous acceptèrent avec joie, d'autant mieux que le brouillard s'était dissipé et le vent apaisé, puis il fallait bien connaître la fin de l'aventure du capitaine Saint-Hélice.

— Eh bien ! capitaine, nous vous avons laissé dans les glaces avec les ours blancs, que vous est-il arrivé ?

— Pardonnez-moi si je reviens un peu sur mes pas. Pendant que mon ballon planait au-dessus de la ville de Montmoreau l'oxyde de carbone en s'échappant, m'asphixiait à moitié. Je m'évanouis...

— Oui, nous savons cela. Après?

— Après? Je me retrouve dans le bureau du commissaire de police de Riberac (Dordogne), qui attendait mon réveil, pour me dresser procès-verbal et me demander mes papiers.

— Mais votre aventure en vaisseau volant?

— Quelle aventure? Quel vaisseau volant?

— Ah ça! mais vous rêvez?

— Non, mais j'ai rêvé! Tout ce que je vous ai raconté, n'est autre que l'aventure qui m'est arrivée en rêve, pendant que l'oxyde de carbone me stupéfiait.

— Ah! fit-on autour de lui avec un vif désappointement.

— Seulement, ajouta le capitaine Saint-Hélice, si j'ai fait le voyage en rêve, rien n'est impossible que vous ne croyiez que je l'ai fait en réalité. Les détails en sont scrupuleusement vrais, et en vous racontant le rêve d'un aéronaute en retraite, je me figurais réellement accomplir ce voyage, auquel j'ai vu du reste que vous vous intéressiez.

Nul ne dit mot, chacun était vexé. Le lendemain tout Paris apprenait l'accident survenu au ballon captif. Depuis, le capitaine Saint-Hélice a disparu et personne ne l'a revu.

TABLE DES MATIÈRES

1139 80. — Corbeil. Typ. et stér. Crété.